공학자의 사고법

KB069889

세만공 총서 2

공학자의 사고법

혼마 히데오 지음
김윤경 옮김

다산
사이언스

머리말

60년 하고도 몇 해, 나의 인생을 돌아보면 정말이지 세월은 참으로 쏜살같다. 중학생 때쯤 'Ever Onward!(끊임없이 앞으로 나아가라!)'라는 표어를 발견한 순간, '이것이 내가 살아갈 방식이다!' 하고 생각했다. 이후 과거에 그다지 얽매이지 않고 항상 앞을 향해 오직 한 길로 열심히 살아왔다. 60세를 넘어서도 주위에서는 "에너지가 넘치시는군요. 젊으세요.", "어디서 그런 에너지가 솟아 나오나요?" 하는 말을 자주 들었지만, 이제 슬슬 자중하고 속도를 낮춰 조금 다른 각도에서 삶과 일에 접근해야겠다고 마음먹고 있었다.

　바로 그때, 마침 이 책의 집필 의뢰를 받았다. 대학에서 교육과 연구 활동을 시작한 지 벌써 40년 가까이 되었는데, 지금까지 쓴 연구 논문은 해설을 포함하면 200편쯤 된다. 하지만 이번에 단행본으로 출간 의뢰를 받은 것은 이러한 연구 논문을 정리한 것이 아니라 약 10년 전부터 쓰기 시작한 '이런저런 잡다한 생각'이라는 연속 에세이였다. 이 에세이는 "가로쓰기의 연구 논문만 쓸 게 아니라 가끔은 세로쓰기의 글을 쓰게나." 하고 말씀하셨던 은사 나카무라 미노루 교수의 지시를 근간으로, 회원제로 간행되는 소책자에 한 달에 한 번 집필해 온 글이다. 제목을 '이런저런 잡다한 생각'이라고 붙이고 투고하고 있었다. 주제는 경제와 제조업, 산학 협동, 혹은 학생에 대한 교육 지도 등 여러 분야에 걸쳐 있었는데, 이 책은 그 시리즈 중에서 편집을 담당해 주신 출판 프로듀서인 사메지마 아쓰시(鮫島敦) 씨가 골라 준 글을 모아 만들었다.

나 같은 공학 전문가는 실험을 면밀하게 하고 그 결과에 고찰을 더해 논문을 완성한다. 보통 이러한 종류의 가로쓰기 논문은 2천 자에서 3천 자 내외로, 도표가 수두룩하고 문장은 간단명료하다. 우리는 전문 영역에 특화하여 깊이 추구하기 때문에 '상식이 없고 전공밖에 모르는 바보'라는 말을 많이 듣는다. 또한 대체로 말솜씨가 없는 사람이 많다. 그러므로 대학에서 전 학부의 교수들이 모여 회의를 할 때면 문과계 교수는 능숙한 말솜씨로 당당하게 의견을 말하는데 반해, 공학부 교수는 자신의 생각을 별로 주장하지 않고 듣는 역할을 충실히 하는 경우가 많다. 아마 기업 회의에서도 문과계 출신자와 이과계 출신자는 위와 같은 현상을 보이지 않을까. 마찬가지로 텔레비전 프로그램에서도 게스트나 패널은 대부분 문과계 출신자가 차지하고 이과계 출신자는 극히 적을 것이다. 이렇듯 정치 경제나 사회 정세에 관해서 공학적인 사고와 발상으로 언급하고 있는 사람은 거의 찾아볼 수 없다.

하지만 공학적 사고로 사회 현상과 경제 동향을 바라보면 혼돈스럽기는 해도 적확한 예측과 해결책이 보이는 경우가 많다. 이러한 공학적 사고를 중심축으로 두고 지금까지 집필한 '이런저런 잡다한 생각' 시리즈를 다음과 같이 재구성해 보았다.

제1장에서는 공학적 발상에 의해 사물을 보는 관점과 사고 방식을 몇 개의 법칙을 들어 소개했다.

제3장에서는 일본의 제조업, 특히 나 자신이 관련되어 있는 전자 실장과 표면 처리 산업을 바탕으로 경제 동향에 관해 생각한 것을 서술했다.

제4장에서는 산학 협동을 실천해 온 배경을 중심으로 대학과 산업계가 어떻게 공동 작업을 수행해 나갈지에 대해 지금까지의 경험을 통해 기술했다.

제6장에서는 연구자에게 요구되는 자세에 관해서 썼다. 대학에서는 실적이 중심이 되고 기업에서는 수치 목표와 진척 관리가 빈틈없이 이루어지고 있지만 엄격한 관리 체제 하에서는 최고의 성과를 기대하기 어렵다. 대학의 연구에서든, 기업의 기

술에서든 최고의 성과와 실적은 꿈이 없이는 절대 이룰 수 없다. 또한 스스로 기대감에 차올라 자발적으로 생각하고 행동할 수 있는 환경을 구축하는 것이야말로 무척 중요하다.

마지막으로 제7장에서는 학생의 기질, 공학 교육의 방법, 취업에 관한 사고관 등을 다루었다.

제2장과 제5장은 이 책의 출간을 위해 새로 쓴 글이다.

최근 수년 전부터 매일같이 산학 연계와 산학 협동이 거론되고 있는 터라, 제2장에서는 40년의 경험을 바탕으로 산학 협동의 방법론을 소개했다.

제5장에서는 일본 산업계가 지금까지의 '따라잡고 추월하자'는 슬로건에서 벗어나 스스로 세계로 뻗어 나가는 기술력을 추구하는 가운데 어떻게 발상력이 풍부한 학생을 육성해 나가야 하는지, 또한 기업은 어떻게 되어야 하는지를 서술했다.

무척 다양한 분야에 걸친 주제를 '공학적 사고'를 키워드로 정리했으니 독자 여러분이 편안하게 읽기를 바란다. 제1장부터 순서대로 읽어도 좋고 아무 데나 펼쳐 든 부분부터 마음대로 읽어도 좋다. 그리고 '공학적 사고'를 여러분의 실제 인생에서도 활용한다면 저자로서는 더할 나위 없이 기쁠 것이다. 마지막으로 이 책의 출간을 위해 도움을 많이 주신 닛칸 고교 신문사 출판국의 오쿠무라 이사오 부장에게 감사의 말을 드린다.

2006년 여름
혼마 히데오

한국의 독자들에게

공학 인생 50년 즈음에 한국의 독자 여러분들과 지면을 통해서 인사를 드리게 되어 대단히 영광스럽고 기쁩니다.

본문에서도 언급하고 있지만, 사람이 살아가는 데 있어서 중요한 것은 일본어로 [아 이 우 에 오]라는 것을 기억해 주시길 바랍니다.

[아]는 아이(愛, 사랑),

[이]는 이시(意志, 의지),

[우]는 운(運, 운),

[에]는 엔(緣, 인연),

[오]는 온(恩, 은혜)을 뜻합니다.

즉, 사랑을 기초로 한 강한 의지로 운(기회)을 잡아, 인연과 은혜를 잊지 않고 봉사의 정신을 실천하는 것이 중요하다고 학생들과 직원들에게 자주 이야기를 하곤 합니다. 그러면 충실감으로 흘러넘치는 인생이 되리라 생각됩니다.

또한 애정을 갖고 일을 하면 주위의 사람들도 똑같이 애정을 갖게 되므로 항상 성실한 마음가짐으로 모든 일을 추진해 나가시길 바랍니다. 그러면 주위 사람들도 반드시 이해를 해 줄 것입니다.

젊은이들에게 인생의 선배로서 해 줄 수 있는 것은, 희망을 갖고 안심하며 일을 할 수 있는 환경을 만들어 주는 것이라고 생각합니다. 서로가 신뢰 관계를 쌓을 수 있어야 하며, 어떤 조직에서라도 관리자는 부하 직원에게 희망과 믿음을 줄 수 있어야 합니다.

앞으로 다가오는 시대에는 대학의 지식 활용이 매우 중요한 열쇠가 되리라 생각합니다. 그런 가운데 학생들에게 애정을 쏟아가며 교육을 한다면, 머지않은 미래에 산업계로부터 신뢰받는 후계자 육성으로 연결되리라 확신합니다.

혼마 히데오
간토가쿠인 대학 특별 영예 교수,
재료·표면 공학 연구소 소장

추천의 글

이 책의 저자인 혼마 선생과 제가 인연을 맺게 된 때는 지금으로부터 30여 년 전입니다. 저는 당시 화학 공학을 공부한 후 전자 부품 제조업에 몸을 담게 되었는데, 인쇄 회로 기판 산업의 핵심 기술인 도금을 배우고자 일본 유학길에 오르게 되었습니다. 바로 그때 간토가쿠인 대학의 혼마 교수의 문하에 들어가게 된 것입니다.

도금은 이론적 지식뿐만 아니라 실물을 통한 기술 습득이 중요한데, 유학 기간 동안 혼마 선생의 가르침 아래 도금의 이론과 실질적인 기술을 접할 수 있는 좋은 기회를 가지게 되었고, 덤으로 많은 일본 동문들을 알게 되어 현재까지도 친분을 이어올 수 있게 되었습니다. 유학을 마치고 귀국한 이후 저는 전자 부품 산업에 더욱 정진하게 되었고, 공학도로 출발하여 30년 넘게 전자 부품 제조의 외길을 걸으며 때로 어려움도 겪었지만 많은 보람과 자부심을 느끼며 살아가고 있습니다.

혼마 선생과는 지금도 년 1~2회의 학술 세미나를 통해 최근 개발 성과와 새로운 기술에 대한 의견을 교환하고 있으며, 각 분야의 동문들과도 첨단 전자 부품 기술에 대한 정보 교환을 통해 기술 변화에 대응할 아이디어를 얻고 있습니다. 혼마 선생은 산학 연대를 통해 도금 기술을 산업계에 확산하는 데 큰 공을 세웠고 이 공로를 인정 받아 산관학 연계 특별상을 수상한 바 있으며, 국제 표면 처리 연합회와 미국 전기 학회로부터도 상을 수여 받은 바 있습니다. 최근에는 일본 간토가쿠인 대학을 재료·표면 공학 분야의 대학원 중심 대학으로 발전시켜 세계에서 활약하는 글로벌 인재 및 고도 기술자를 육성하고자 하는 프로그램을 준비하고 있습니다.

이 책은 혼마 선생이 연구 활동과 산학 연대 활동을 통하여 경험하게 된 일들과 생각을 수필처럼 쉽게 써 내려간 것으로, 공학도가 생각해야 하는 바람직한 방향, 지켜야 하는 원칙 그리고 산학 연대의 전개 방향에 대해 소개하고 있습니다. 공학에 관심이 있거나 관련이 있는 독자들께, 특히 산학 연대에 관심이 있는 독자들께 많은 도움이 됐으면 하는 바람입니다.

김영재
대덕전자(주) 대표이사

차례

— —

제1장 공학적 발상으로 보는 '관점과 사고방식'
제1장의 시점 실행에 옮기지 않으면 아무것도 생기지 않는다

— —

제2장 이상을 바탕으로 한 실용적 발상
제2장의 시점 돈을 의식하지 않는 순수한 팀워크에 성숙한
미래가 있다

— —

— —

공학적 발상으로 보는
'관점과 사고방식'

실행에 옮기지 않으면
아무것도 생기지 않는다

제1장에서는 파레토의 법칙과 하인리히의 법칙에 관해 서술했다. 이 두 가지 법칙은 내가 살고 있는 세상과는 완전히 다른 분야에서 생겨났지만 나는 이 법칙들을 제조업에 적용하여 활용하고 있다. 사용할 수 있는 것은 무엇이든지 사용하는 것이 바로 나만의 방식이다. 파레토의 법칙과 하인리히의 법칙에 관련하여, 산(酸)에 얽힌 '큰일 날 뻔한' 사고 사례를 언급하고 있다. 산에 관한 지식뿐만 아니라 그 어떤 지식도 단지 지식으로서만 머릿속에 들어 있다면 아무런 도움이 되지 않는다. 필요할 때 머릿속에서 지식을 끄집어내 당장 사용할 수 있는지 없는지가 중요하다. 어떤 사고방식을 자신이 하는 일에 활용하거나 언제든지 전문 지식을 살리는 데는 역시 경험이 최고다. 행동을 개시하고 어떠한 경우든 더욱 효율성 높은 방법은 없는지, 그리고 이 방법에 문제점은 없는지를 생각하는 일은 매우 중요하다. 행동하고 생각할 기회를 늘림으로써 경험을 쌓아 가는 것이다. 어떤 일이든지 우선 실행에 옮기고 볼 일이다. 이론이나 지식을 단순히 축적하기만 해서는 아무 결과물도 생겨나지 않는다. 물론 기초적인 소양은 지녀야 한다. 기본을 소홀히 해서는 그 어

떤 일도 결실을 맺지 못하기 때문이다. 실행 다음으로 필요한 것은 풍부한 감성과 강한 의욕이다. 이 두 가지가 결실을 더욱 풍부하게 한다.

현재 사회 구조가 변화하고 있는데 앞으로 일본은 어떻게 될 것인가. 이 문제를 떠올릴 때마다 나는 일본의 제조업이 가장 먼저 생각난다. 연금 문제나 고용 정세 같은 문제는 지식으로서는 많이들 이야기하고 있지만 거기서 새로운 관점을 끌어내기는 어렵다. 가령 일본 제조업의 장래에 가로놓인 '산업의 공동화(空洞化)' 문제에서는 비관론이 압도적으로 강하다. 나는 제조업 분야에서 새로운 기술의 혁신에 몰두하는 입장이기도 하거니와 당장 전력(戰力)이 될 수 있는, 고도의 지식이 받쳐주고 있는 높은 기술을 갖춘 학생을 육성하는 데 온 힘을 기울이고 있기에 쉽게 비관론에 빠지지는 않는다. 개성이 넘치면서도 많은 사람이 공감할 수 있는 사고법을 찾으려면 우선 누구에게도 지지 않는 자신만의 전문 분야를 갖는 일이 중요하다.

일본의 제조업

일본의 제조업을 걱정하다

가라쓰 하지메(唐津 一) 씨가 쓴 책『중국은 일본을 앞지르지 못한다』(PHP 연구소, 2004년 9월 출간)가 눈에 띄어 바로 인터넷에서 구입했다. 이 책에서는 일본 기업이 계속해서 중국으로 진출하다가는 일본 내 산업이 공동화되지는 아닐까, 머지않아 일본의 제조업이 중국에 밀리지는 않을까 하는 의견이 많은 가운데, 제조업 부문에서 중국은 일본을 앞지르지 못할 뿐만 아니라 공동화될 염려도 없다고 주장하고 있다. 일본의 제조업은 적어도 앞으로 이삼십 년, 아니 백 년은 문제없다고 확신하고 있다.

각 장마다 상당히 설득력이 있기는 했지만 최근 청년 실업자와 프리터[†]가 증가하는 추세를 살펴볼 때 과연 이러한 낙관론을 믿어도 좋을지 의문이 들어 전적으로는 찬성하기 어렵다. 2003년도에는 청년 실업자 수가 52만 명을 웃돌았고 전년도보다 4만 명이나 증가했다고 한다. 이 숫자는 후생노동성(厚生勞動省)이 총무성(總務省)의 노동력 조사를 기초로 하여 2002년과 2003년에 처음 집계하여 발표된 것이다. 총무성과 후생노동성이 정의한 바로는 '청년 실업자'란 '구직 활동을 하지 않는 15~34세 비노동력 인구 중에서 학교를 졸업한 후 진학이나 취업 훈련을 하지 않고 결혼도 하지 않는 사람'이다. 최근에는 이러한 사람들을 '니트(NEET, Not in Education, Employment or Training) 족'이라고도 부른다.

† freeter: 프리(free)와 아르바이터(arbeiter)를 합성한 신조어로 파트 타임이나 아르바이트로 생활을 유지하는 사람.
† parasite single: 기생충과 독신이 합쳐져서 생긴 용어.

그렇다면 과연 니트 족의 심정은 어떨까. 아무리 애써도 일에 익숙해지지 않는다든가, 혹은 자신감을 잃거나 인간 관계에 좌절함으로써 무기력해져 일할 의욕을 상실한 것은 아닐까? 졸업 연구생이나 대학원 석사 과정 2년차에게는 취직할 회사를 결정하는 일이 무엇보다도 중요하지만 우리 연구실에서는 취업 활동을 거의 하지 않는다. 우리 연구실의 학생을 졸업 후 채용하겠다고 미리 예약한 기업이나 매년 소개를 의뢰한 기업 중에서 학생이 선택하기 때문이다. 그렇지만 극히 일부 대학을 제외한 대부분의 대학에서는 학생들이 3학년 말부터 취업 활동을 시작한다. 문과계든 공과계든 수십 번 도전해도 취업이 되지 않아 결국은 아르바이트 중심의 프리터나 계약 사원이 되는 경우도 있다. 게다가 체념과 좌절감으로 인해 일할 의욕마저 상실하여 실업자가 되고 마는 학생도 많다고 한다. 그래서 일하는 의미나 목적을 심각하게 생각하지도 못하고 장래의 비전도 보이지 않는 탓에 일종의 노이로제 증상에 빠져 결과적으로 부모에게 얹혀사는, 이른바 패러사이트 싱글†이 될 위험성마저 발생하는 것이다.

현재 청년 실업자는 100만 명에 달한다고 한다. 이에 프리터 족을 합치면 500만 명이 넘으니 노동력이나 기업, 그리고 경제 활동에 서서히 영향을 미칠 것이다. 제조업은 단연 일본이 최고라고 말할 수 있는 시대가 막바지로 치닫고 있는 것은 아닌지, 나를 비롯한 많은 사람이 걱정하고 있다. 대학의 각 취업 담당 교직원은 학생들의 시선으로 그들의 장래를 진지하게 생각해야 하며 학생들이 자신감을 지니고 부모에게서 자립할 수 있도록 도와야 할 책임이 있다.

'경기 회복'의 이면에 잠재하는 양극화, 그리고 삼극화

경기 회복으로 고용 상황이 호전되었다고들 하지만, 실제로는 원가를 낮춰 국제 경쟁력을 유지하기 위해 인건비의 삭감을 적극적으로 시행하고 있는 것이 일본 기업의 현실이다. 그래서 정직원을 채용하기보다는 시간제 사원이나 파견 사원 등 비정규 직원의 고용에 힘을 기울이고 있다. 노동자 전체에서 비정규 직원이 차지하는 비율은 이제 30퍼센트를 넘어섰다. 비정규 직원은 일반적으로 정규 직원에 비해 임금이 낮고 신분도 불안정하다. 정규 직원의 감소로 인해 기술과 노하우의 계승이 원활히 이루어지지 않고 기존의 품질 관리(QC, Quality Control) 작업이 제대로 기능을 하지 못해 불량률이 높아지고 있다. 근래에는 특히 품질이 높은 제품을 만드는 일이 중요시되고 있는 흐름을 생각할 때 심각한 문제가 아닐 수 없다. 어떤 기업에서는 제조 작업이 원활하지 못해 24시간 태세로 임하고는 있지만 야근 작업을 하는 대부분이 아르바이트나 계약직 사원이므로 불량품을 대량으로 빚어낼지도 모른다.

총무성이 5년마다 실시하는 '취업 구조 기본 조사'에 따르면 2002년 10월 시점에서 임원을 제외한 정규직 사원은 3455만 명으로, 5년 전에 비해 400만 명이 감소했다. 그러므로 작년 말에는 정규 직원 수가 더욱 감소했을 것이 분명하다. 이러한 상황으로 볼 때 당연한 결과겠지만, 노동자 1인당 급여 총액은 3년 연속 전년도를 밑돌고 있다. 청년층이 중심을 이루는 프리터들은 앞으로 10년이라는 기간을 예상해 볼 때, 과연 안정된 생활을 할 수 있을지 그 사회적 영향을 무시할 수 없다. 또한 수입액으로 나눈 소득 계층은 이제 바야흐로 양극화에서 삼극화로 바뀌어 가고 있다. 즉 연간 소득이 200만 엔 이하인 계층, 700만 엔부터 1천 수백만 엔인 계층, 그리고 1억 엔 이상인 계층으로 나누어지고 있다. 지금까지는 일본 전체가 중산층이라는 의식을 갖고 있었던 만큼 불안이나 불만이 없던 생활 환경에서 최근 10년 사이 단번에 생활 수준의 격차가 벌어진 것이다.

야구를 비롯한 스포츠에서 프로 선수의 계약금에 관한 뉴스를 보고 있자면 엔터테인먼트의 상징으로서 연간 몇억 엔에 계약을 체결하든 좋지만, 그에 비해 기술자에 대한 대우나 획기적인 기술 발명에 대한 대가가 턱없이 낮다는 사실을 떠올리면

위화감이 드는 것도 사실이다. 실제로 이러한 문제 때문에 몇 번이나 소송 재판이 일어나기도 했다. 연공서열에서 성과주의로 바뀌어 가면서 사회 체제가 각박해지는 느낌이 든다. 게다가 범죄와 자살자가 조금씩 증가하여 사회가 불안정하다 보니 미래마저 불안하다. 일본 같은 단일 민족 국가는 어쩌면 지금까지의 사회주의적 자본주의가 좋았을지도 모른다. 국민연금 미납률은 40퍼센트 가까이에 달하고, 평균 연 수입 200만 엔 이하인 프리터 족에게 연간 약 16만 엔이나 되는 보험료 부담은 과중하기만 하다. 부담이 커질수록 미납률은 더욱 높아져 국민연금은 파탄의 길을 걷고 있다. 고용이나 수입 등 생활이 안정되지 않으니 당연히 결혼하기도 힘들고 아이를 낳기도 망설여진다. 점점 저출산 고령화가 심해지고 있다. 또한 임금이 낮은 비정규 직원이 증가하면 개인 소비가 늘지 않아 경제 성장에 미치는 영향도 무시할 수 없게 된다.

이처럼 급여나 생활의 양극화 내지는 삼극화, 경제의 양극화, 그리고 정치의 양극화, 도시와 지방의 양극화 현상이 심각해지면서 이에 따른 국가 부채가 700조 엔 이상이다. 지방 재정의 부채를 합하면 900조 엔을 넘는다고 한다. 환산하면 국민 1인당 700만 엔 이상의 부채를 안고 있는 셈이다. 이 부채가 전부 차세대로 넘어간다는 현실을 생각해 보면 풍요로운 국가와는 절대 거리가 멀다. 세계 대전 종전 후 60년이 되는 올해는 인

간으로 치면 환갑이나 마찬가지니 재출발의 해이자 과감한 개혁 원년이 되기를 바란다. (2005년 1월)

파레토의 법칙(2:8의 법칙)

'파레토의 법칙'의 예

파레토의 법칙(Pareto's law)은 일명 2대 8의 법칙이라고도 한다. 구체적인 사례를 들어보자. 불량의 원인 열 가지 중에서 상위를 차지하는 두 가지 문제를 해결하면 전체 불량의 80퍼센트를 감소시킬 수 있다. 전제품의 20퍼센트가 매출의 80퍼센트를 점유하고 있다. 고객의 20퍼센트가 매출의 80퍼센트를 차지한다. 개미 100마리를 잘 관찰해 보면 그중에서 20퍼센트만 부지런히 움직이고 있다. 납세자의 상위 20퍼센트가 세금 총액의 80퍼센트를 부담하고 있다. 이렇게 다양한 현상이 파레토의 법칙에 들어맞는다. 특히 제조업의 품질 관리 분야에서 개선해야 할 항목을 중요한 순서대로 열 가지 꼽았을 때, 상위 두 가지 항목을 개선하면 전체 불량의 80퍼센트를 개선할 수 있다. 다시 말해 중요한 요소는 그렇게 많지 않으므로 핵심을 짚어 주면 의외로 쉽게 해결된다는 사실을 알 수 있다.

이처럼 파레토의 법칙은 불량 대책뿐만 아니라 여러 가지 상황에 대한 개선점의 범위를 점점 좁혀감으로써 큰 성과를 얻는다. 원래 이 법칙은 이탈리아의 경제학자인 빌프레드 파레토 (Vilfredo Federico Damasso Pareto, 1848~1923)가 소득 분포에서 발견한 경험치다. 전체 중 20퍼센트의 고액 소득자가 사회 전체 소득의 약 80퍼센트를 차지한다는 법칙을 찾아낸 것으로 현재는 앞서 예시한 다양한 분야에 적용되고 있다.

'파레토의 법칙'과 문제 해결

최근 기업의 기술자들이 우리 연구소를 찾아오는 횟수가 증가하고 있다. 그런데 이 과정에서 방문 시간 직전에 약속을 파기하는 일이 부쩍 많아졌다. 갑자기 현장 라인에서 문제가 발생하여 부득이 약속을 취소하지 않을 수 없기 때문이라고 한다. 불량률이 높다는 것은 사활을 건 문제이므로 현장을 담당하는 기술자는 물론 개발에 관여하고 있는 기술자도 지원을 나가야 한다. 우리 개발자들도 걱정이 되기 때문에 문제의 원인을 살펴보고 여러 가지 가능성의 요인을 꼽는다.

현장 담당자들은 파레토의 법칙을 충분히 알고 있을 텐데도 잘 활용하지는 못하는 것 같다. 또한 "교수님은 현장 일을 잘 알지 못하시니 말씀드려도 소용없을 겁니다." 하면서 진지하게 상대해 주지 않는 사람들도 있고, 어떤 사람들은 문제 발생의 자초지종을 내게 털어놓으면 그 말이 경영자 귀에 들어가 자신들의 입장이 난처해질 거라고 생각해 경계하기도 한다. 그래서 "요즘 상황은 좀 어떤가?" 하고 가볍게 물어보지만 대부분은 "잘되어 갑니다." 하고 대답할 뿐이다. 그런데 실제로는 대책 마련에 몇 개월이나 시간을 허비하느라 이익을 내지 못하는 상황에서 헤어나지 못하고 있다. 모두가 열심히 이것저것 확인하고 시험하면서 많은 에너지를 쏟고 있는데도 좀처럼 해결되지 않는 일이 많다. 물론 여유가 있는 기업이라 기술자를 양성하기 위해서는 조금쯤 실패하더라도 그 실패를 통해 노하우가 축적되므로 잘됐다고 생각하고 자신들이 깨끗이 해결할 수 있다면, 그보다 더 좋은 일은 없을 것이다.

광디스크가 만들어지기까지

내가 현장에서 생긴 문제 해결에 도움을 주었듯, 다른 부서 사람이 편하게 상담에 응해 주면 문제가 단박에 해결되는 경우도 있다. 과거에 내가 조언을 해 주어 문제를 금세 해결한 예는 수 없이 많다. 최근에 있었던 생생한 사례를 들면 문제의 소지가 있으니 여기서는 과거에 경험했던 예를 두 가지 소개하겠다.

한 가지는 광디스크에 관한 일이다. 레코드에서 광디스크로 바뀔 무렵의 일이다. 레코드의 원반에 새겨진 V자의 골은 100미크론 이상이며 소리의 진동을 기록한다. 광디스크에서는 소리의 진동이 단번에 서브 미크론에서 미크론의 디지털 기록이 되기 때문에 처음에는 불량이 많이 발생해 그 대책 때문에 무척 고생했다. 제조 과정을 모두 설명할 정도로 지면이 넉넉하지 않으므로 광디스크가 되기까지의 과정을 간단히 설명하겠다. 우선 유리 원반에 레이저로 디지털 신호를 써넣는다. 그러면 유리 표면에 얇게 도포된 레지스트[†] 위에 미크론에서 서브미크론의 1이나 0의 신호가 새겨진다. 이 미세한 핀트인 1이나 0의 신호를 빛의 반사로 검출하면 새겨진 정보를 읽어 낼 수 있다. 그런데 이 원반은 한 개밖에 되지 않는데다가 같은 과정을 반복해 작업하는 거라고 해도 조작이 번거롭고 복잡하며 완성된 원반은 유리에 얇은 유기막이 붙어 있어 상태가 나빠지기 쉽다. 따라서 실제로는 이 유리 원반을 복제하기 위해 유리 원반에 무전해(無電解) 도금이나 스패터(spatter)[†]로 얇은 도전막을 붙인 뒤에 그 위에 전기 니켈을 200미크론 정도 붙인다. 이를 니켈 마스터라고 한다.

그러면 유리 원반에 넣은 정보와는 정반대의 정보가 니켈 마스터에 기록된다. 전기 도금으로 주형(鑄型)을 만드는 조작이므로 '전기 주형'이라고 한다. 그래서 이 주형에 플라스틱을 부어 넣은 후 굳은 플라스틱을 마스터에서 떼어 내면 유리에 새겨진 핀트와 똑같은 정보가 플라스틱에 기록되는 것이다. 하지만 이 경우 몇 번이나 플라스틱을 이용해 복제하면 니켈 마스터에 상처가 생겨 핀트가 서서히 변형된다. 그래서 실제로는 니켈

마스터를 이용해 반전 패턴(니켈 마 † 필요한 부분만 전기 도금이나
더, nickel mother)을 만들고, 다시 무전해 도금이 되도록 하는 것.
한 번 이 니켈 마더를 이용해 전기 주 † 용접할 때 녹은 금속이 튀어서
알갱이 모양으로 굳어진 것.

형(니켈 스탬퍼, nickel stamper)을 만든다. 이 스탬퍼에 플라
스틱을 부어 넣으면 유리에 기록한 것과 같은 정보가 기록된다.
그리고 이 플라스틱에 반사성이 높은 알루미늄을 도포(塗布)하
면 그곳에 기록된 정보를 제대로 읽어 낼 수 있다.

조언으로 문제를 해결한 첫 번째 사례

설명이 길어졌지만 이러한 미크론에서 서브 미크론의 미세한
핀트를 세 번이나 니켈 전기 주형에 의해 충분히 반전시켜야 하
므로 당연히 결함이 생기기 쉽다. 처음에는 수율(收率) 즉, 원
료에 대한 제품의 비율이 20퍼센트 정도로 양질의 제품을 거의
얻을 수 없었다. 결함의 대부분은 도금에서 비롯되어 제대로 핀
트가 형성되지 않았다고 한다. 회사로서는 최고 수준의 방진 설
비를 갖춘 클린 룸을 만들고 만전의 태세를 갖춰 생산하려고 했
지만 이런 시설만으로는 어림도 없었다. 클린 룸이든 제조 공정
이든 당시는 최고 기밀이었지만 질 좋은 제품을 만들어 내지도
못하면서 그런 이야기나 하고 있을 수는 없었다. 이때 내게 한
번 회사까지 와 달라는 요청이 들어왔다. 반도체 관련해서는 이
미 클린 룸이 사용되고 있었지만 이런 종류의 전기 주형 기술에

는 아직 사용되지 않고 있었다. 하지만 미크론에서 서브 미크론의 정보를 기록하려면 작업 환경은 당연히 지금까지와 같은 도금 현장으로는 되지 않는다.

방진복으로 갈아입고 마스크와 모자, 그리고 장갑을 끼고 클린 룸에 들어갔다. 설명했듯이 확실히 방은 깨끗했다. 하지만 실제로는 아무리 방 환경을 깨끗하게 해도 어디까지나 도금을 주체로 한 제조 공정이므로 용액의 환경이 중요했다. 전처리부터 도금까지의 공정을 살펴보고 나서 용액의 청결도가 수율에 크게 영향을 미치고 있다는 사실을 직감적으로 알아차렸다. 당시는 아직 정밀 여과 방법이 도금에 채용되지 않았으나 즉시 반도체용 여과 시스템을 도입하도록 제안했다. 그 결과 수율이 20퍼센트 전후에서 90퍼센트 이상으로 올라갔다. 그때까지 일년 이상 열 명이 넘는 기술자가 원인을 분석하느라 매달려 있었던 것을, 나의 간단한 조언으로 쉽게 주된 원인을 발견하여 해결했던 것이다. 그 후로는 원인을 하나 둘씩 제거하면 불량이 거의 나오지 않을 것이라고 판단했다.

조언으로 문제를 해결한 두 번째 사례

파레토의 법칙도 불량의 원인을 확실히 골라내지 못하면 연구비와 인건비 등 막대한 손실을 초래하게 된다. 두 번째 소개할 사례는 이른바 롤투롤(roll to roll) 도금에 관한 일이다. 어떤 회사는 오전 8시부터 장비를 가동시켜도 실제로 제품이 제대로 만들어져 나오는 데 반나절 정도가 걸리기 때문에 몇백 미터나 되는 롤을 헛되이 버리곤 했다. 모두 전기 도금 공정이라면 그런 일은 좀처럼 없겠지만 그 공정은 대체로 촉매화 공정에서 시작되는 무전해 도금이었다. 나는 양품이 나올 때까지의 구체적인 현상을 직접 듣고 이 일의 원인도 직감적으로 판단했다. 촉매 활성과 용존 산소의 조절에 문제가 있었던 것이다. 그들은 지푸라기라도 잡는 심정이었기에 당장 나의 제안을 받아들였다. 지금까지는 반나절이나 불량을 내고 있었지만 내 조언대로 했더니 단 몇 분 후부터 연속적으로 양품이 만들어졌다고 한다. 이 공정에 대한 대책을 세우기 위해서 아마 다섯 명 정도의 기술자가 매달리고 있었던 모양이다. 그동안 근본적인 문제 해결을 못한 채 양품이 나오기까지의 반나절은 버려도 어쩔 수 없다고 포기하고 있었던 것이다. 그것을 나의 조언 한 마디로 해결했다고 한다.

작년에 지방에 있는 한 기업에 갈 기회가 있었는데 거기서 우연히 십몇 년 만에 그때 고생하던 기술자를 만나게 되었다. 나는 항상 많은 사람들을 만나기 때문에 그 기술자를 기억하지 못하고 있었지만 상대는 나를 확실히 기억하고 있었다. 그 당시의 조언 한 마디로 문제가 모두 해결되어 지금도 아무 문제없이 가동되고 있다고 했다. 만일 내가 그 제안을 하지 않았더라면 문제가 해결될 때까지 또 많은 시간을 소비했을 터이니 그 손실을 비용으로 따져 보면 필시 몇천만 엔에서 1억 엔의 발주를 받은 것과 다름없는 공헌이 아닐까 싶다. 요컨대 파레토의 법칙에도 있듯이 가장 큰 요인을 발견하지 못한다면 헛수고로 끝나고 마는 것이다. 그 밖에도 문제 해결의 예는 많지만 여기서 말하고 싶은 것은, 어떤 어려운 일이든지 쉬쉬하지만 말고 다 털어놓고 상의하면 단번에 해결할 수 있는 일도 있다는 사실이다. (2004년 6월)

하인리히 법칙(1:29:300의 법칙)

'하인리히 법칙' 그 사회적인 현상

하인리히 법칙(Heinrich's law)은 미국의 하인리히(Herbert William Heinrich, 1886~1962)에 의한 노동 재해 발생 확률의 분석에서 생겨났다. 한 건의 큰 재해 뒤에는 29건의 작은 사고가 있고, 그 뒤에는 작은 사고까지 가지는 않았지만 '큰일 날 뻔한' 사소한 사고가 300건 있다는 뜻이다.

하인리히 법칙을 제조업에 적용할 경우, 어떤 제품에 중대한 결함이 생겼다고 하면 그 한 건의 큰 결함 뒤에는 고객에게 받은 29건의 클레임, 그리고 클레임까지는 가지 않았지만 어

떤 오류나 징조가 300건 있다는 이론이
다. 제조 현장에서 사고 발생을 방지하려

† 도쿄 미나토 구 롯폰기에
있는 복합 문화 공간.

면 이 법칙을 잘 기억하여 사소하더라도 '큰일이 날 뻔한' 현상을 발견하면 당장 회사 전체가 즉각 대처할 수 있는 태세를 구축해 둘 필요가 있다. 제조 현장에서는 여기서 말하는 결함을 불량이라고 바꿔 생각하면 된다. 어쨌든 현장에서 작업하는 사람은 자신 나름대로 궁리하여 사소하게 발생한 징조나 오류를 그때그때 해소하기 때문에 이러한 전조 사례가 공유되지 않는다. 그러다 보면 확률적으로 어떤 것은 큰 사고나 불량의 증대로 연결되고 만다. 즉, 심각한 문제의 근원을 개인이 은폐했다가 그것이 작은 사고로 이어지고, 그 단계에서 다시 팀 단위의 은폐 행위가 벌어지다 보면 마침내는 기업의 은폐로 이어져 결국 기업의 존망에 영향을 미칠 지경까지 치달아 버리는 경우가 있다.

그 한 가지 예가, 상당히 오래 전 일이긴 하지만 미쓰비시(三菱) 자동차 결함 사건이다. 이 사건이 크게 보도되고 나서부터는 갑자기 자동차 폭발 사고나 타이어가 빠졌다는 기사가 신문에 빈번히 실리기 시작했다. 하지만 생각해 보면 사건이 일어나고 나서 이런 종류의 사고가 는 것이 아니라 실제로는 같은 사고가 이전부터 똑같은 확률로 일어났을 것이다. 단지 보도 기관이 뉴스로서 보도했기 때문에 갑자기 빈도가 높아졌다고 착각하는 것이다. 롯폰기 힐스† 입구의 회전문 사고도 마찬가지다. 그 후의 보도에 따르면 이전에도 여러 곳의 백화점과 빌딩에서 큰 사고까지는 아니지만, 꽤 많은 문제가 잇따라 발생했다고 한다. 단지 사망 사고로까지 이어지지는 않았기 때문에 어느누구도 심각한 사고로 인지하지 않았다는 데 문제가 있다.

보도 기관 관련자들의 말대로, 사회 현상으로서 주목 받고있는 사건에 기사를 집중하는 것은 어쩔 수 없을 것이다. 하지만 이러한 종류의 큰 사고나 사건으로 이어지기 전에 하인리히법칙처럼 기자가 이들 300개의 '큰일 날 뻔한' 자잘한 사고나사회 현상을 통해 미래를 예측하여 경종을 울린다면 또는 기술적인 전망을 여러 가지로 내놓는다면, 신문은 더욱 매력적인 매체가 될 것이다. 말이 다소 지나칠지도 모르겠지만 요즘 신문은그저 하루하루의 소식을 보도하는 데 지나지 않는다. 광고 게재는 많은데 지면에는 별반 이렇다 할 특징이 없다. 인터넷의 사회 침투와 맞물려 독자들이 신문을 멀리하는 현상이 벌어져도어쩔 도리가 없는 것이다.

연구실에서 일어난 신변 사고

개개인은 저마다 갖가지 크고 작은 사고를 만나기 마련이다. 그러고 보니 이런 이야기를 화제로 올려 본 적이 없었다. 실험을하다가 겪었던 등골 오싹한 사고나 현장에서 생긴 기겁할 만한사고에 대해서도 한 번 이야기해 보고 싶다. 이렇게 큰일 날 뻔했던 사건을 주제로 한 세미나를 열어도 좋을 것 같다. 나는 지금까지 40년 이상의 연구 생활에서 큰 사고 일보직전의 '가슴을 쓸어내린 사고'를 많이 경험했다. 그중 몇 가지를 소개해 보고자 한다.

우선 황산이 초래한 사고다. 황산의 비중은 1.86으로 물의 두 배 정도가 된다. 예전에는 이 황산을 너구리 병이라고 불리는 커다란 유리 용기에 보관했다. 한 병의 무게가 30킬로그램도 넘기 때문에 그 유리병을 운반하고자 만든 대나무망은 병이 쏙 들어갈 수 있는 모양인데다 손잡이가 붙어 있었다. 그런데 그 대나무망의 그물코가 엉성하고 조잡하게 짜여 있어서 산이 흘러나오면 부식이 되었고, 얼마간 시간이 지나면 점차 병이 밑으로 빠질 위험성이 있었다. 40여 년 전에 사업부 연구실과 내가 소속되어 있던 연구실이 같은 방에 있었다. 실험대는 학생용과 사업부용이 따로 구분되어 있었다. 바로 이 연구실에서 사고가 일어난 적이 있다. 사고를 당한 선배는 이미 퇴직했고, 당시 상황을 아는 사람은 거의 없기 때문에 여기서 최근의 기술에 관련되어 있는 사람들이나 학생들에게 경종의 의미로 소개하려 한다. 나는 당시에도 약품의 특성을 대부분 알고 있었다. 또한 내가 알지 못하는 신규 약품을 취급할 때는 반드시 미리 편람이나 그 밖의 자료를 통해 약품의 특성을 조사한 후에 다루곤 했다. 이는 내가 공업고등학교 출신으로 화학을 좋아하여 공학의 길을 선택한 덕분이다.

　사고를 당한 선배는 키는 작았지만 꽤 힘이 세서 아까 말한 너구리 병을 별로 힘들이지 않고 번쩍 들어 올리곤 했다. 하지만 그날은 너구리 병을 번쩍 들어 올리는 순간, 촘촘히 짜여있지 않던 대나무망의 밑이 쑥 빠지는 바람에 농도 90퍼센트가 넘는 황산이 쏟아지고 말았다. 비중이 높은 데다 점도까지 높아서 쫙 하고 쏟아지는 느낌이었다. 코끝까지 튀었을 정도로 상당히 심하게 튀었던 것 같다. 나는 당장 실험실로 뛰어들었다. 그때는 이미 30초 정도 지나 있었다. 순간적으로 처치법이 머릿속에 떠올랐다. "우선 씻어 내!" 즉시 흐르는 물로 씻어 내는 것이 좋지만 이미 코부터 팔, 그리고 속옷까지도 탄화(炭化) 반응이 진행되고 있었다. 이때 바로 옷을 모두 벗게 하고 그대로 방화용 물로 뛰어들게 한 뒤에 병원으로 이송했다. 선배는 이삼 주 동안 입원했는데, 황산이 흘렀던 코끝에는 켈로이드†가 생겼고 팔에도 역시 상당히 심한 켈로이드가 있었다. 하지만 다행히도 재빨리 옷을 모두 벗었던 덕분에 남성의 중요한 부위에는 화상의 흔적이 남지 않았다. 그 선배와는 재작년까지도 자주 회사에서 만났다. 다른 사람은 알아차리지 못했겠지만 아직도 켈로이드가 남아 있었기에 우리는 당시의 사고에 대해서는 일절 화제에 올리지 않았다.

산(酸)에 얽힌 사고

산에 관련된 또 하나의 사고를 소개
하고자 한다. 이번에는 질산에 관련된
사고다. 40여 년 전, 우리는 완전히 고
무로 만들어져 통기성이라고는 전혀
없는 구두를 신고 다녔다. 땀이 많은
사람은 참으로 고역이었을 것이다. 이
사고는 아까 소개한 사고에 비해 더

† 피부의 결합 조직이
비정상적으로 증식하여
단단한 융기를 만들고,
표피가 얇아져서 광택을 띠며
불그스름하게 보이는 양성
종양. 화상의 흔적.
† 단백질 검출 반응으로,
단백질을 함유한 물질에
질산을 가하면 백색 침전이
생기고 가열하면 황색이
되며, 냉각 후 암모니아를
이용해 알칼리성으로 만들면
주황색으로 변하는 현상.

기겁할지도 모르니 듣고 싶지 않은 사람은 이 부분을 건너뛰고
읽어도 좋다. 질산은 황산과 달리 피부에도 왠지 가려운 느낌밖
에 들지 않는다. 하지만 질산은 이 점이 바로 치명타다. 이 사고
도 당시 사업부의 선배에게 일어난 일이었다. 질산이 그 선배의
구두 속으로 들어간 것이다. 앞에서 미리 밝혔듯이 처음엔 그저
조금 가려운 정도였다. 그래서 본인도 크게 신경 쓰지 않고 일
에 몰두하고 있었다고 한다. 그러던 중 가려움이 차차 통증으로
변해 가기에 구두를 벗고 발을 보았더니 큰일이 벌어져 있었던
것이다.

크산토프로테인(xanthoprotein) 반응†이 진행되어 한쪽
발뒤꿈치 전체가 샛노란 색으로 변해 이미 손을 쓸 수 없는 상
태였다. 결국 걸을 때 완충 작용을 하기 위해 두껍게 되어 있는
발뒤꿈치의 피부 전체가 질산으로 산화되어 벗겨졌고 피부가

재생되기만을 기다리는 수밖에 없었다. 원래 상태로 되돌아가는 데는 아마도 반 년, 아니 일 년 이상 걸렸을 것이다. 그런 의미에서 황산보다 질산이 더 다루기 힘들다. 황산의 경우는 우선 닦아 낸 후 바로 흐르는 물에 씻는 것이 좋다. 어느 쪽이든 그 자리에서 순간적으로 제트 기류만큼이나 세게 흐르는 물로 씻어 내는 것이 가장 좋을지도 모르겠다.

마지막으로 산에 관련해 큰일 날 뻔했던 사례를 또 하나 들어보겠다. 1960년대 중반에 알루미늄의 징케이트 처리[†]에 관해 실험해 달라는 지시가 있었다. 당시는 대부분 문헌을 읽을 기회가 없어 『프로덕트 피니싱』[†]이라는 잡지와 『표면 처리 편람』에 의존하고 있었다. 징케이트 처리를 하려면 산화아연에 수산화나트륨을 첨가하여 아연산 이온을 만들어야 했다. 그런데 그것이 잘 녹지를 않았다. 『편람』에 나와 있는 방법대로 해도 수산화물 이온 농도가 높아져서 알루미늄의 용해반응이 먼저 진행되는 바람에 밀착을 위해 징케이트 박막을 형성하는 데 어려움이 있었다. 그래서 처음부터 산화아연을 사용하지 않고 그 밖에 달리 유기산과 아연의 화합물이 없을까 찾아봤더니 의외로 저렴하게 구할 수 있다는 것을 알게 되어 그것을 도입했다. 또한 『편람』에는 '징케이트 베스(bath)에는 소량의 철 이온이 밀착에 효과를 준다'고 쓰여 있었다. 그래서 전위(電位)를 조절하면 될 것으로 생각해 다른 중금속도 검토한 결과 니켈과 구리에 효과

가 있다는 사실을 알아냈다. 바로 그
때 '기겁할' 사건이 일어났다.

　알루미늄을 에칭[†]할 때 불산을
사용하는데, 나는 3년 후배인 한 학
생에게 불산으로만 되어 있는 에칭
액, 불산에 유기산을 첨가한 에칭액,
그리고 불산에 질산을 첨가한 에칭
액, 이렇게 세 종류의 에칭액을 준비
시키고 종류별로 밀착에 어떤 영향

[†] 알루미늄 소재에 도금할 때의
전처리로써 징케이트(zincate)
액에 침전시켜 아연을 치환하여
석출하는 과정.
[†] Products Finishing: 유기물과
무기물의 마감 처리와 기술에
관한 보고서에 초점을 맞춘
미국의 월간 잡지.
[†] etching: 화학적인 부식 작용을
이용한 가공법.
[†] draft chamber: 화학 실험
등에서 유해 가스나 휘발성
유해 물질을 취급할 때, 안전을
위해 이용하는 배기 장치 공간.

을 미치는지를 검토하도록 지시했다. 후배는 화학에 대한 지식
이 없는 것 같아서 일단 불산을 조심해서 취급하도록 주의를 주
었다. 그런데 후배는 불산을 유리 용기에 넣어 드래프트 체임
버[†]에 보관했던 것이다. 다음날, "선배님! 유리 용기가 이렇게
얇아졌어요." 하고 들고 왔다. 나는 "제 정신이야?" 하고 몹시
나무랐다. 이것은 큰 사고로는 이어지지 않았지만 '큰일 날 뻔
했던 사건'의 전형이다. (2004년 7월)

풍부한 감성과 의욕을 지녀라!

의욕과 감성의 중요성을 학생들에게 알리고 싶다. 프랑스의 화

학자이자 미생물학자인 파스퇴르(Louis Pasteur, 1822-1895)는 "행복의 여신은 준비한 자에게 찾아온다."라고 했으며 독일의 정치가이며 과학자이자 세계적인 문학가인 괴테(Johann Wolfgang von Goethe, 1749-1832)는 "발견에는 행운이, 발명에는 지성이 꼭 필요하다."라고 말했다. 단순한 이론의 축적만으로는 발견이나 발명으로 연결되지 않는다. 또한 실험에만 몰두한다고 해도 기초적인 소양과 감성이 풍부하지 않으면 아무리 대단한 발견을 하더라도 놓쳐 버린다. 또한 발명도 할 수없다. 최근 나는 학생들에게, 연구자에게는 충분한 과학적 지식은 물론 강한 의욕과 감성이 필요하다고 강조하고 있다. 한 번은 호기심과 풍부한 감성이 연구를 진행하는 데 필요하다는 이야기를 하다가 문득 『파인만 씨 농담도 잘하시네(Surely You're Joking, Mr. Feynman)』라는 책이 떠올랐다. 십수 년 전에 세계적으로 베스트 셀러가 된 단행본으로 노벨 물리학상 수상자인 리처드 파인만(Richard Phillips Feynman)이 자서전풍으로 쓴 책이다. 당시 나는 연구실에 있는 학생 수대로 원서를 구입하여 영어의 윤강 교재로 활용했다. 파인만 씨는 위대한 물리학자로 장난치기를 좋아하며 호기심이 왕성한데다 풍부한 감성을 지니고 있어, 나는 그의 발밑에도 미치지 못하지만 과거 나의 체험과 비교해 가며 강의했다. 그래서 『파인만 씨 농담도 잘하시네』에서 소개된 몇 가지 에피소드가 머릿속에 선명하게 남아 있다.

내 생각에 '연구에는 의욕과 감성이 무척 중요하다'고 학생들에게 입이 닳도록 말하기보다 이 책을 읽게 하는 것이 더 빠르고 쉬운 방법이라 여겨졌다. 그래서 학생 수만큼 구입하여 몇 개월에 걸쳐 강의용으로 사용했던 것이다. 한 학생에게 요코하마의 대형 서점에 가서 찾아보게 했더니 재고가 한 권밖에 없어 모두 구입하려면 시간이 걸린다고 했다. 인터넷에서 구입하는 것이 빠르다고 하기에 20권 정도 구입하기로 했다. 몇 주일이 지나 책이 배송되었고 당장 매일 아침 9시 30분부터 모두에게 읽게 했다. 한 달 반 동안 가까스로 3분의 1을 읽었다. 나의 경험담까지 섞어 가며 윤독하느라 속도가 다소 느렸다. 이 윤독에는 세 가지 목적이 있었다. 우선은 학생들의 영어 실력을 조금이라도 향상시키고자 함이었고 그 다음은 연구를 진행해 나가는 데 있어 호기심과 감성이 얼마나 중요한지를 인식시키는 일, 그리고 우리 연구실에서 실시해 온 연구의 내용을 이해하게 하는 것이었다. 이러한 기회를 통해 학생이 스스로 생각하고 좋은 아이디어를 낼 수 있는 환경을 만드는 것 또한 중요했다. 나는 이러한 목적을 이루기 위해 매년 다양한 방법으로 지도하면서 시행착오를 반복했다.

연구에서 아이디어를 최대한 살리는 데 가장 중요한 것은 아이디어가 번쩍 떠오를 때 일단 실행해 보는 것이다. 연구실의 선배가 지금까지 실험했던 내용에 추가 실험을 한다거나 그 방법과 내용을 이해하는 것도 물론 중요하지만, 단지 남의 발자취를 따라가기만 한다면 따분하다. 적어도 지금까지 해 본 적 없는, 자신 나름대로의 아이디어를 발휘해 자유롭게 실험에 도전해야 새로운 발견으로 이어질 것이다. (2003년 9월)

조합 기술과 조정 기술

일본의 제조업에 맥맥이 살아 숨 쉬는 조정 기술

현대는 세계적인 규모로 제품의 규격이 통일되고, 그와 더불어 전 세계로 조달이 이루어지고 있다. 섬유를 비롯한 가전제품, 그리고 냉장고, 세탁기 같은 가정용 전기 기기 등의 성숙 산업[+]은 점점 해외로, 특히 동남아시아로 옮겨 가고 있다. 지금 상황대로라면 일본의 제조업은 위태로울 것이라는 이야기가 심심찮게 들려온다.

이러한 경향은 더욱 박차가 가해져 세계적으로 원가절감의 경쟁 속에서 최근에는 고도의 전자 산업까지도 동남아시아를 중심으로 한 해외로 빠져 나가고 있다. 이러한 추세 속에서 일본 내에서는 공장의 폐쇄 또는 축소로 인해 어쩔 수 없이 동남아시아로 진출하게 되는 기업이 많아졌다. 이러한 흐름을 저지하려고 필사적으로 노력해도 소용없으며 이는 경제 원리로 볼 때 당연한 결과다. 확실히 동남아시아에서는 기존에 완성된 기술을 조합하여 낮은 인건비로 물품을 제조할 수 있다. 핵심이 되는 기술은 일

† 成熟産業: 이미 많은 상품이 보급되어 있는 시장에서 제품을 만들어 파는 산업으로 더 이상 성장할 여지가 없다는 의미에서 성숙 산업이라고 지칭한다.

본 국내에서 시험 제작부터 시작하여 완성도를 높이고 조립을 중심으로 한 기술은 해외로 옮겨 가고 있다. 분명 동남아시아로 '조합 기술(combinatorial technology)'이 유출되고 있다. 그렇다면 동남아시아의 각 국가에서 고도의 기술이 가능하려면 무엇이 필요할까. 전기, 가스, 상하수도, 통신망, 교통망 등 인프라의 정비와 더불어 교육 수준과 도덕심의 향상을 추진해야만 한다. 특히 교육 수준의 발달은 생활 수준의 향상과 함께 국민 전체에 침투하기까지 적어도 10년은 걸릴 듯하다. 현재 상황에서 동남아시아 여러 나라에서는 조합 기술을 중심으로 한 산업의 전개가 당분간 지속될 것이다.

그렇다면 핵심이 되는 고도의 기술은 무엇인가. 그것은 '조정 기술(optimizing technology)'이다. 일본에는 다른 국가에서는 흉내도 낼 수 없는 이 기술이 전통으로서 면면히 살아 있다. 풍토로서 배양되어 왔다. 그것은 이른바 첨단 기술뿐만 아니라 많은 기간 산업을 담당하는 요소 기술의 조정이며 일본의 강점이다. 자주 인용되는 예가, 오타 구(大田区)에 있는 중소기업이다. 정밀 기계로도 다룰 수 없는 미크로의 세계를 조종하는

예술적인 장인 기술, 이것이 바로 '조정 기술'의 전형이다. 조정한다는 것은 어떻게 그 기술을 최후의 한계까지 튜닝, 즉 미세 조정하고 최적화할 것인가이다. 일본인은 기술 전반에 걸쳐 조정이 특기이며 틀림없이 이 조정 기술과 기능은 중소기업을 중심으로 양성되어 왔다. 현재로서는 이 강점을 이용해 분야에 따라서는 우위로 전개할 수 있을 것이다.

하지만 숙련을 필요로 하는 영역은 점차 규격화되어 매뉴얼대로 물품을 제조하는 경향으로 확대되었다. 제조는 지금까지 '조정'이 필요한 공정상의 노하우, 이러한 종류의 자부심이나 직감력에 의지해 온 습성에서 벗어나, IT의 도입에 의해 크게 달라질 가능성이 있다. 현재는 아직 물류시스템이 중심이지만 최근에는 가상 실험을 통한 반응 예측도 가능하며 가까운 장래에 IT에 의한 원격 탐사(remote sensing), 각종 화학 조성의 정교한 제어가 가능해질 것이다. 또한 제조는 더욱 정확하고 신속하게 고효율로 이루어질 것이다.

그렇지만 IT화가 진행된다고 해도 그 아이디어나 활용법을 연구하는 것은 인간이다. 그런데도 최근의 젊은이는 물건 만드는 일이라든지 제조업에 앞장서서 발을 들여놓지 않는다. 앞으로는 지금까지보다 더 깊은 관찰력과 통찰력이 요구되는 시대인데, 이 상태대로라면 성실하고 진지하게 기술에 몰두하고 있는 동남아시아 여러 나라에 추월당하는 것은 아닐지 걱정이다.

일본 기술의 강점과 약점

'일본인은 독창성이 없고 유럽과 미국의 기술을 도입하기만 하는 것은 아닐까?' 하고 자주 비난 받는다. 확실히 세계 대전 종전 후의 부흥기 때는 그러했다. 하지만 기술을 도입한 후의 개량에 대한 능력은 대단히 뛰어나다. 일본에 도입된 기술은 대부분 개량이 거듭되어 완성도가 높은 기술로까지 발전되었다. 이 개량에 대한 센스는 앞서 말한 '조정 기술'을 가장 자신 있는 부문으로 하고 있는 데서 비롯된다. 이러한 일본 기술자의 특징이 너무나도 전면에 드러나 있기 때문에 독창성이 표면에 드러나지 않았던 것일까. 다양한 기술 관련의 계몽 서적을 읽으면 알 수 있듯이, 일본에서 연구하여 공업화된 독창적인 개발 기술은 이루 다 헤아릴 수 없이 많다.

'일본인은 독창성이 없다.'라고 한 배경에는 환경을 정비하지 않았다는 사실도 있지만, 비단 그것만은 아니다. 그보다도 일본에서 독창적으로 이루어진 연구 성과가 해외에 알려지지 않았던 데에 원인이 있는 경우가 많다. 바꿔 말하면, 논문이나 특허를 영어로 쓰기가 힘들었다. 아니, 쓰는 능력이 낮았던 것이다. 외국 학회에서의 발표도 활발하지 못했고 발표할 능력도 부족했다. 능력이 없었다고 단정하는 것은 조금 지나친 말이지만 실제로 일부를 제외하고 학자, 연구자, 기술자 중에서 영어를 평소에 아무 거리낌 없이 제2외국어로서 말할 수 있는 사람이 얼마나 있을까.

글로벌화, 규격화, 규제 완화의 추세 속에서 지금까지 일부 사람들의 전유물이나 다름없던 영어 능력을 비즈니스 기술의 세계에서 대등하게 논의, 발표하고 논문이나 특허를 쓸 수 있는 수준으로 끌어올려야 한다. 도구로서 '사용할 수 있는 영어' 교육을 추진하는 것이 급선무다. 지금까지도 일본에서 독창적인 개발이 많이 진행되어 왔지만 일본의 기술은 높은 평가를 받지 못했으며 미국과 유럽의 기술을 과신하고 일본에서 개발되어 온 새로운 싹을 잘라 버렸던 것이다. 자유롭게, 때로는 황당무계하다고 생각되는 연구에도 시간과 연구비가 지원될 수 있도록 독창성을 발휘할 수 있는 환경을 정비하는 일도 중요하다. 일본과 같이 사계절이 있는 온대 지역 중에서는 이러한 종류의 발상이 나오기 쉽다.

과학 기술의 발달에 수반되는 과제

일본인의 근면성은 노동을 선(善)으로, 일하지 않는 것을 악(惡)으로 여기는 사고를 바탕에 두고 있다. 그 근면성이 패전의 폐허에서 다시 일으켜 세운 공업 선진국으로서의 지위를 확립할 수 있었던 원동력이다. 하지만 최근 젊은이들에게는 이러한 근면성을 별로 찾아볼 수 없다. 반면에 멋진 외모나 물질적인 풍요로움만 추구하는 젊은이가 상당히 많이 눈에 띈다. 취업 문제에 있어서도, 대학 졸업자의 20퍼센트 이상이 프리터로 살고 있다. 한편으로, 과학 기술의 진보가 너무 빨라서 따라갈 수 없다고 생각하는 학생도 점점 늘고 있다. 기술사를 조사해 보면 확실하겠지만 원리의 발견에서 실용에 이르기까지는 보통 오랜 시간을 필요로 한다. 적어도 19세기까지는 그러했다. 그런데 20세기가 되자 실용화까지의 속도가 쭉쭉 가속되었다. 최근 컴퓨터를 중심으로 한 정보 통신 기술은 그 개발 속도가 굉장히 빠르다. 개의 나이에 비유하여 도그 이어(dog year, 인간의 7년이 개의 1년)로 진화하고 있다고 말한다. 따라서 요즘 최신 기술을 따라갈 수 없다고 불안을 느끼는 사람이 많아지는 것도 당연하다. 1995년에 '과학 기술의 진보 속도가 지나치게 빨라 따라갈 수 없다.'고 불안하게 생각한 사람은 53.7퍼센트였으나 1998년에는 80.5퍼센트까지 대폭 증가했다. 그 후의 조사 기록은 찾을 수 없지만 아마도 대부분의 사람이 불안을 느꼈을 것이다.

하지만 그다지 걱정할 일은 아니다. 새로운 원리가 발견되고부터 응용에 이르기까지는, 모두 초기에는 유도 시간이 필요하며 상당히 오랜 시간이 걸린다. 한 번 유도기를 지나면 개발 속도가 기하급수적으로 빨라지기 마련이다. 인간의 끝없는 욕망이 개발 속도를 높이는 것이다. 도그 이어에 조금이나마 저항하고 유도기에 알맞은 연구에 주력하여 학생을 육성하고 싶다.

느긋하게 생각에 잠기거나 한가로이 산책할 때, 또는 서로 이야기를 나눈다거나 깜빡 졸 때, 이런 때야말로 신기하게도 다양한 발상이 떠오른다.

이상을 바탕으로 한
실용적 발상

제 2 장

돈을 의식하지 않는 순수한 팀워크에
성숙한 미래가 있다

나는 항상 '속히 결정하고 한 행동을 나중에 후회하지 않으면
최고'라고 생각한다. 속히 결정하고 해결하는 것은 망설이지 않
고 행동에 옮기는 일이며, 망설이지 않는다는 것은 그만큼 자신
감이 있고 확신에 차 있다는 뜻이다. 사소한 일이나 특별히 중
요하지 않은 일이라도 평소에 신속하게 행동하는 습관을 들여
놓으면 어느 날 순간적으로 아이디어가 번뜩 떠올랐을 때 바로
행동에 옮길 수 있다. 쓸데없이 시간을 낭비하지 않고 아주 조
금씩이라도 일을 진행시켜야 한다. 이렇게 작은 행동이 쌓이고
쌓이면 예측할 수 없을 만큼 큰 결과를 가져온다. 그 민첩함이
우리 간토가쿠인 대학의 산학 협동을 성공시키는 계기가 되었
다. 그리고 서로 간의 결속력 강한 신뢰 관계가 산학 협동의 또
다른 성공 요인이다.

나는 신뢰 관계를 무엇보다 중요하게 여긴다. 신뢰 관계가
있으면 팀은 잘 유지되어 간다. 또한 구축된 산학 협동 체제가
무너질 일도 없을 것이다. 인간적인 관계는 그렇게 쉽사리 무너
지지 않는다. 산학 협동은 돈을 벌기 위해 맺어진 체제가 아니
다. 기술을 중심으로 한 지원 체제다. 그러한 관계에서는 주위

사람들에게 감사하는 마음이 무엇보다 중요하다. 단지 사무적으로 금액만을 따지는 관계라면 산학 협동은 결코 성공하지 못할 것이다. 특히 발명을 하는 데는 팀워크가 가장 중요하다. 순수한 마음으로 발명을 마주해야 좋은 발명품이 나온다. 신뢰 관계를 맺으려면 돈을 의식하지 말아야 한다. 하지만 머릿속에서는 잘 알고 있어도 좀처럼 실행하기는 어렵다. 그래서 나는 신뢰 관계를 맺기 위한 시스템 구축에 온 힘을 기울이려고 한다. 내가 할 수 있는 일을 최선을 다해서 한다. 팀을 하나로 모아 이끌어 가는 리더의 역할은 매우 크다.

　일본의 산업은 더욱 성숙되어야 한다. 그러기 위해서는 산학 협동이든 기업 간 공동 작업이든, 서로 마음속 깊이 신뢰하고 눈앞의 이익에 사로잡히는 일 없이 각각의 팀이 마음 풍요롭게, 더욱 넓은 시야로 일에 몰두해야 한다. 그러면 저절로 결과가 나올 것이다. 마음가짐의 문제다. 사회의 성숙도 이에 달렸다. 개개인이 득이 될지 아닐지를 생각하고 일을 결정할 것이 아니라 자기 마음속에서 일어나는 관심에 솔직하게 따를 수 있는 일을 추구하는 방향으로 나간다면 풍요로운 사회가 될 것이다.

연구는 오로지 발견과 추구의 미학이다

연구 성과는 의외로 돈이 되지 않는다. 어쩌면 문과계 사람들은 우리가 하고 있는 일이 계속해서 돈으로 이어진다고 생각할 수도 있겠지만, 그것은 오해다. 내가 과거에 취득한 특허 수는 50건이 넘는데 그 특허들 중에서 실제로 실용화된 것은 단 한 가지밖에 없다. 이 현실이 바로 우리가 평소에 열중하고 있는 연구의 실상이다.

일본에서 특허는 취득자와 기업이 서로 기술을 주고받기 위해 사용하는 도구와도 같다. 지적 창작 활동의 성과로서 주어지는 로열티는 발명해 낸 기술에 훌륭한 이용 가치가 있어 번쩍하고 빛나는 경우에 한한다. 특허를 취득하면 무조건 돈을 벌 것이라는 생각은 절대 오해다. 또한 취득한 특허가 실용화된다고 해도 특허료는 신청한 기업에게 지급되고 발명자에게는 따로 지급되지 않는다. 게다가 신청한 특허 중에서 특허를 획득할 수 있는 건수는 아마도 100분의 1정도의 확률에 불과할 것이다.

내가 취득한 특허 중에서 비즈니스화에 성공한 기술이 하나밖에 없다고 했는데, 이마저도 어쩌다 번쩍 하고 빛났을 뿐이다. 그것은 지금까지 이용되던 반도체의 세라믹스 패키지를 플라스틱 패키지로 바꾸는 요소 기술이다. 하지만 우리 간토가쿠인 대학에는 기술 이전 전담 조직(TLO, Technology Licensing

Office)이 없었다. 나는 전부터 학교 측에 TLO를 갖추어 지원해 주길 요청했지만 대학은 전혀 요구를 들어주지 않았다. 나는 사업가가 아닌지라 기업과의 사이에서 발생하는 로열티에 관해서도 아는 것이 없었기 때문에 실제로 특허의 실시에 관해 기업 측에 승낙할 때 참으로 난처했다. 대학 측은 "우리 대학의 사무처에서 그런 번거로운 절차는 할 수 없으니 개인이 알아서 하길 바란다."라는 대답으로 일관했다. 아마도 그 특허 기술이 상당히 이용 가치가 높았는지 기업 측은 이렇게 말했다. "교수님, 로열티로 얼마를 드리면 되겠습니까?" 내 뒤에 대학이라는 조직이 버티고 있다면 로열티를 받겠지만 개인과 기업의 거래이므로 나는 로열티 같은 건 필요 없다며 고사했다. 그러자 회사 측은 곤혹스러워했다. 그 이후로도 회사 측에서 자꾸 그 제안을 되풀이하는 바람에 나는 로열티 문제를 기업 측에 전부 위임하고 말았다. 그랬더니 몇천만 엔이 들어왔다. 원래라면 수억 엔 정도는 받았어야 한다는 걸 나중에서야 알았다. 회사 측이 곤혹스러워한 것도 무리는 아니었다. 로열티에는 뭔가 규정이 있는 모양이다. 일반적으로는 매출의 5퍼센트 정도로 정해져 있다고 한다. 나는 그때 들어온 몇천만 엔의 돈도, 그리고 그 특허 기술로 인해 번 돈도 모두 대학에 기부했다. 연구와 돈을 결부시키는 자체가 아무래도 내키지 않았기 때문이다.

특허 하면 떠오르는 일로, 미국 캘리포니아 대학교 산타바

바라 캠퍼스에 있는 나카무라 슈지(中村修二, 1954~현재) 교수
가 일으킨 유명한 '청색 발광 다이오드(청색 LED) 소송'이 있다.
1993년 니치아(日亜) 화학 공업에서 청색 LED를 발명했다는 뉴
스는 세기의 발명이라고 불리며 전 세계를 놀라게 했다. 이 발명
가가 당시 니치아 화학 공업에 재직 중이던 나카무라 슈지다. 그
쾌거는 일본 발명가 역사의 영예로운 한 페이지로 각인되었다고
생각했지만, 청색 LED의 발명은 그대로 깨끗하게 끝나지 않았
다. 2001년도에 나카무라 씨가 전 근무지인 니치아 화학 공업을
상대로 특허 권리를 양도한 데 대한 대가를 청구하는 소송을 제
기했던 것이다. 당시 직무 발명으로서 회사에서 지급 받은 보상
금은 단돈 2만 엔이었다면서 이의를 밝혔다.

　　나카무라 씨가 자신의 이익에 대해서만 집요하게 호소하
고 있다는 사실을 신문과 텔레비전을 통해 알게 되었는데, 내게
는 아무래도 묵과할 수 없는 사실이 하나 있었다. 연구의 중심
이 되어 개발한 사람은 나카무라 씨였을지 모르나, 주변에는 함
께 협력한 사람들이 많았을 것이다. 그렇다면 공통 재산이라는
뜻이 된다. 이를테면 소송에서 이겨서 받은 돈을 발명과 관련된
사람들과 나눈다면 이해가 가지만, 내가 보기에 나카무라 씨가
하는 말은 전부 자신만을 내세우고 있었다.

　　나는 주변 사람들에게 감사하는 마음이야말로 다른 무엇보
다 중요하다고 생각한다. 자신의 이익만 고집하는 사고방식은

마음에 들지 않는다. 물론 적정한 인센티브는 필요하다. 기업이라는 거대 조직 속에 묻히기 쉬운 개개인을 기업은 높이 평가하고 존중해야 할 것이다. 가령 발생하는 이익의 10퍼센트는 개발자에게 환원하기로 한다든지 하는 규정이 기업 내에 확실히 마련되어 있으면 좋다. 다만, 10퍼센트가 100억 엔이라면 문제가 될 수도 있으니 상한선을 정해 두는 것도 좋을 것이다. 그렇게 되면 기업에서 일하는 모든 사람이 꿈을 안고 즐겁게 일을 할 것이고 일하는 보람도 생겨날 테니 말이다.

발명은 팀워크에서 생겨난다. 우리는 꽤 순수한 마음가짐으로 발명을 마주하고 있다. 돈은 의식하지 않는 편이 좋을지도 모른다. 우리가 걷고 있는 연구의 길은 돈을 벌기 위한 것은 아니다. 개중에는 돈벌이를 기본으로 여기며 연구하고 있는 사람이 있을지도 모르지만 만일 돈벌이를 먼저 의식한다면 좋은 일은 아무것도 생기지 않을 것이다. 연구란 오로지 발견과 추구의 미학이다.

나의 스승, 나카무라 미노루 교수가 개발한 플라스틱 도금

간토가쿠인 대학은 1962년에 플라스틱 도금 기술의 개발에 성공하여 전 세계에서 가장 먼저 공업화했다. 이로써 표면 처리 분야에서 간토가쿠인 대학의 이름은 매우 높게 평가되었다. 플라스틱 도금은 플라스틱 소재에 금속을 입히는 기술로 지금은 모든 방면에서 이용되고 있는 도금법이다. 플라스틱 도금의 등장은 표면 처리 업계에서 혁신적인 사건이었다. 지금까지는 생각할 수 없었던 장식적 가치로서의 가공이 가능해진 데다가 상품의 경량화와 가공 시간의 단축에도 크게 유용성이 인정되었다. 당시 유럽이나 미국의 기술을 모방하는 일이 많았던 일본으로서는 굉장히 훌륭하고 영광스러운 실적이었다.

이 플라스틱 도금 기술을 개발한 사람이 바로 나의 스승이자 표면 처리 업계의 대부라고도 할 수 있는 나카무라 미노루(中村実) 교수다. 플라스틱 도금이 완성되었을 때 이 기술이라면 비즈니스에 크게 활용할 수 있을 것이라고 예측하고 1964년에 플라스틱 도금의 샘플을 가지고 미국을 방문하자 일본 내는 말할 것도 없이 미국에서도 큰 반향을 일으켜 매스컴에서 대대적으로 보도되었다. 당시 간토가쿠인 대학은 일본에서 유일하게 캠퍼스 내에 공장을 보유한 대학교였다. 나카무라 교수가 이끄는 사업부는 제조와 기술 분야에 종사하는 300명 이상의 직원으로 이루어져 있었다. 젊은 직원들 대부분은 낮에는 일하고 밤에는 공업 화학과, 기계 공학과, 전기과 등으로 나뉘어 공부했다. 산학 협동의 가장 이상적인 시스템을 갖추고 있었던 것이다.

공학자의 사고법

플라스틱 도금 산업이 무르익자, † cyan: 탄소와 질소가 화합한 유독성 기체.
당연히 다른 기업도 이 기술을 눈여겨
보게 되었다. 나는 그때 대학원생이었다. 대학교수이자 사업부
부장이었던 나카무라 교수의 지도하에서 연구하는 나날을 보냈
다. 그러나 플라스틱 도금은 대단한 발명이었음에도 특허를 취
득하지 못했다. 나카무라 교수가 특허 신청을 내려고 생각했다
면 그야말로 굉장한 특허를 취득할 수 있었을 텐데, 그 당시는
발명이 산업계에 널리 보급되기를 바랄지언정, 특허로 권리를
확보하는 일 따위는 그다지 중요하게 여기지 않았던 것이다. 나
카무라 교수는 무언가 새로운 것을 발견하면 특허 신청보다도
우선 실용화에 열중했다. 플라스틱 도금 기술이 순식간에 일본
내에 보급된 것은 말할 것도 없다. 그래서 산업계가 활기를 띠
게 된 것까지는 좋았는데, 예상치 못하게도 플라스틱 도금 기술
이 동남아시아까지 알려졌던 것이다.

그 무렵, 나는 나카무라 교수팀을 대표하여 환경에 관한 해
외 연수를 받으러 미국으로 가게 되었다. 표면 처리는 여러 가
지 의미로 환경을 오염시킨 면이 있다. 산업과 환경 오염은 반
드시 함께 생각해야 하는 문제다. 1965년 이후에 공해 문제가
전국 규모로 확대되었고 당시의 학생들은 환경 정화 연구에 힘
을 쏟았다. 나도 그 몇 년 전에 가나가와(神奈川) 현에 있는 한
공업 시험소에서 졸업 연구 과제로 「맹독성 시안†화합물의 산

이상을 바탕으로 한 실용적 발상   59

화 분해에 관하여」를 선택해 매진했던 적이 있어, 환경에 대한 의식은 항상 갖고 있었다. 그때까지는 해외 연수라고 하면 종전 후 일본이 성장하기 위해 미국이나 유럽의 기술을 배우거나 도입하기 위해 나가는 것이라는 인식이 있었지만, 나카무라 교수의 의견은 훨씬 적극적이었다. "나는 우리가 보유한 기술에 자신이 있네. 그러니 앞으로 일본은 기브 앤드 테이크(give and take) 정신을 가져야 하는 걸세. 우리의 기술을 미국에 제시하고 우리는 미국에서 다른 기술을 얻는 거지. 그렇게 동등하게 기술 교환을 해 나가야 하네."

미국에서는 표면 처리 약품을 전문적으로 개발하고 있는 화학 약품 공급 업체와 전문 도금 공장을 둘러보았다. 막상 가보니 도금 공장은 어디나 힘이 없다는 사실을 알게 되었다. 앞으로 관계를 계속해 나가는 것은 정보 교환이라는 의미에서는 중요할지도 모르지만, 서로 가능성을 높여 가는 데는 한계가 있다는 생각이 들었다. 미국에서 돌아와 나카무라 교수에게 이러한 내용을 보고하자 교수는 한숨을 토해 냈다. "미국의 전문 도금 공장은 우리하고는 의식이 다른가 보군. 미국에서는 사교 모임 같은 개념인가 보네. 사교적인 모임에서는 아무것도 나올 것이 없어. 우리 쪽에서 기술을 제시한다면 아마 동등한 기술 교환이 아니라 우리만 일방적으로 퍼 주는 형태가 될 걸세."

나카무라 교수는 항상 이상을 현실로 바꾸려고 노력하는

분이었다. 플라스틱 도금의 양산을 계기로, 나카무라 교수는 차츰차츰 산학 협동에 대한 생각이 깊어져 대학에 표면 처리 학과를 신설하려는 구상을 대학 상층부에 건의했다. 그리고 마침내 표면 처리 학과를 만들겠다는 약속까지 받았다. 하지만 그렇게 한껏 고무되어 있던 차에, 1965년경 학원 분쟁이 격심해졌다. 슬로건으로 산학 협동 분쇄를 내건 무서운 학생 운동에 연루되어 결국 나카무라 교수는 계획을 단념하지 않을 수 없었다. "혼마 군, 자네는 대학에 남게나. 나는 중소기업을 위해 다른 방법으로 힘쓰겠네." 1965년 나는 대학원을 졸업하고 나카무라 교수의 표면 처리 연구를 이어받았다. 나카무라 교수는 건의했던 구상을 실현시키지 못해서 어지간히 분했을 것이다. 교수직에서 물러난 스승에게 나는 그 후 몇 번이나 "대학으로 와 주십시오." 하고 요청했지만 나카무라 교수는 단 한 번도 대학에 발걸음을 하지 않았다.

속전속결의 행동력은 의외로 결과가 좋다

나카무라 교수의 행동은 언제나 속전속결이었다. 생각해 보니, 내가 교수에게 상담을 청하러 갈 때마다 "그럼 이렇게 하게나." 하고 바로 답해 주었기 때문에 나는 늘 "알겠습니다." 하고 당장 행동에 옮기곤 했다. 마찬가지로 나도 어떤 일이든 속전속결로 처리하고 있다. '속전속결로 행동하고 나중에 후회하지 않는 것이 최고'라고 항상 생각한다. 속전속결로 일을 처리한다는 것은 결국 망설이지 않고 행동으로 실천함을 뜻한다. 망설임 없는 마음으로 바로 결단을 내리고 빨리 방향성이 결정되면 대부분의 경우 일이 잘 되어 간다.

기업에 비유하면, 회의를 좋아하는 사장이나 회사는 돈을 많이 벌지 못한다. 결재가 나기까지 지나치게 많은 시간이 소요되는 것은 비효율적이다. 말보다는 행동이 중요하므로 처음 이야기를 시작할 때는 1분 정도로 끝내고 행동을 우선시하라. 그러면 다음에는 조금 더 길게 이야기해도 되겠다는 식으로 시간을 효율적으로 사용하게 된다. 행동을 우선으로 하는 원칙을 세워 시간을 활용하는 것이 좋다. 평소에 가능한 한 빠르게 행동하는 습관을 들이면 무언가 아이디어가 퍼뜩 떠올랐을 때도 바로 행동에 착수할 수 있다. 생각나는 대로 민첩하게 행동하다 보면 나중에는 발상도 풍부해진다. 우리 팀은 예전부터 행동을 전제로 하여 모든 일을 재빨리 판단하여 결정 내리고 있다.

그런데 플라스틱 도금을 양산하게 되었을 당시의 나는 앞으로 플라스틱 도금을 살리는 길은 전자파 실드†라고 예측하고 있었다. 표면 처리에 따른 환경 문제에 어느 정도 의식을 갖고 있는 사람이라면 누구나 생각할 수 있었겠지만 말이다.

공학자의 사고법

내가 해외 연수로 미국에 가 있
을 때 가끔 요시노 덴카(吉野電化)
공업의 요시노 간지(吉野寬治) 사장
이 뉴욕에 오곤 했다. 그래서 플라스

† 기기가 발생하는 전자파가
외부로 새어 나가지 않도록, 또
외부의 전자파가 기기에 새어
들어가지 않도록 하기 위해
기기를 도체로 차폐하는 것.

틱 도금의 재료 제조 회사에 관해 이야기할 기회가 있었다. 나
는 그때 처음으로 요시노 사장을 만났다. 그날부터 요시노 사장
은 우리의 단체 행동에 합류했다. 요시노 사장은 매우 적극적이
며 꾸밈이 없고 협동성도 있어 나는 그가 매우 좋은 청년이라는
인상을 갖게 되었다. 이 연수 후에 즉시 우리 연구소는 전자파
실드를 이용한 플라스틱 도금의 유용성을 시장에 내놓았으며
유럽과 미국에 공급 혁명을 일으키려고 새로운 해외 연수를 가
기로 결정했다. 언제나 신속한 행동력이 효과를 발휘한다. 이때
나와 함께 나선 사람이 요시노 덴카 공업의 요시노 사장과 에비
나 덴카(海老名電化) 공업의 에비나 노부우(海老名信緒) 사장
이었다.

당시 요시노 사장이 요시노 덴카 공업의 3대째, 그리고 에
비나 사장이 에비나 덴카 공업의 2대째 대표직을 이어받은 직
후였다. 나 역시 나카무라 교수의 뒤를 막 이어받은 참이어서
이렇게 시기적으로 비슷한 상황에 처해 있다는 우연은 서로 의
사소통을 하는 데 무척 큰 도움이 되었다. 십여 차례에 걸쳐 이
루어진 해외 연수에서 우리 세 사람은 매우 돈독한 관계를 맺었

다. 겨우 2주간 해외에 체류할 뿐이었지만 그 기간 동안 줄곧 침식을 함께하고 빡빡한 일정을 소화하면서 강하게 결속되었다. 그때부터 현재에 이르기까지 20여 년간 가까운 사이로, 국내의 회합이나 해외 연수 등 여러 방면으로 친목을 쌓아 오면서 연구에서도 공동 작업을 계속해 오고 있다.

이렇게 생겨난 강한 신뢰 관계가 산학 협동을 성립시켰다고 할 수 있다. 산학 협동이라는 계획을 먼저 세웠던 것이 아니다. 그때 상황의 추세를 보면서 이렇게 하자고 제의한 데 대해 모두가 호응해 준 것이 시초가 되었고, 나중에는 자연스럽게 서로 맺어진 신뢰가 산학 협동을 실현시켰던 것이다. 요시노 덴카 공업도 에비나 덴카 공업도 전자파 실드를 계기로 단번에 급성장을 이루었다. 요시노 사장은 그 사업을 발전시켜 미국에도 공장을 세웠다. 이렇게 산학 협동은 실로 드라마 같이 촌스러우면서도, 정말로 인간적인 관계의 교류 수준에서 이루어졌다. 해외 연수를 통한 우연한 만남이 산학 협동의 결정적인 계기가 된 것이다.

미래 산업계의 열쇠는 산학 협동!

현재 간토가쿠인 대학 표면 공학 연구소가 지원하고 있는 기업은 장기적으로 교류할 수 있는 기업뿐이다. 단기적인 교류로는 서로 좀처럼 신뢰 관계를 맺을 수 없기 때문에 목적을 이루는 데 한계가 있다. 그래서 신뢰 관계를 구축할 수 있어야 한다는 조건에 들어맞으려면 중소기업과 연계하는 것이 좋다. 대기업은 최고 경영자가 금세 바뀌기 때문이다. 중소기업의 경우는 대부분 창업자의 후계자가 으레 2세로 정해져 있기 때문에 서로 신뢰 관계가 오래 지속될 수 있다.

그러면 왜 나는 신뢰 관계를 이토록 고집하는가. 최근에는 산학 협동에 관심을 갖는 기업이 늘어나 현재 우리 연구소에도 20군데가 넘는 기업에서 접촉해 오고 있지만, 단지 사무적으로 '돈을 이만큼 낼 테니 이러한 연구를 이렇게 해 달라'고 요구하는 기업과는 절대 일이 잘 될 리 없기 때문이다. 나는 '오로지 이익을 늘리고 싶다, 우리 기업만 돈을 벌어야겠다.'는 사고로 일하는 기업과는 관계를 맺지 않는다. 돈벌이를 위한 관계가 아니라 기술을 중심으로 서로 지원하는 관계가 바람직하다. 이렇게 맺어진 산학 협동이 산업계의 여러 분야에 뿌리내리면 일본의 기술력은 세계의 일등주자가 될 수 있지 않을까 하는 마음이다. 산학 협동이 자리를 잡으려면 적어도 몇십 년은 족히 걸릴 것이다. 신뢰 관계가 그리 쉽게 이루어지는 것은 아니기 때문이다. 반면에 일단 한 번 체제가 구축되면 쉬이 무너지지 않을 것이다. 산학 협동을 뿌리박기 위해서는 신뢰 관계가 있는 팀을 이루어야 한다.

나는 표면 처리 분야 이외의 산업계에 관해서는 잘 모르지만, 산학 협동은 다른 분야에서는 의외로 적을지도 모르겠다. 그렇다면 표면 처리 분야가 하나의 본보기가 되어 다른 분야로 확산되고 산업계를 끌어올릴 필요가 있지 않을까 하고 생각한다. 또한 대학 측에서 해야 할 일은, 전문가로서 실적을 확실히 갖추고 있으면서 산업계 기업들이 산학 협동에 대해 쉽게 이해하고 흥미를 갖게끔 교류할 수 있는 교수를 더욱 확보하는 일이다. 한 예로, 공학에 관해서는 무지하지만 내가 주최하는 연구회에 계속 참석하는 기업체 사장이 있다. 그 분은 우선 즐겁다는 이유만으로 매회 빠지지 않고 참석한다. 대학교수에게는 상대방에게 어떤 내용이든 알기 쉽게 전달하는 능력이 무척 중요하다는 사실을 알 수 있다.

2005년 5월에 독일 자를란트(Saarland) 주에 있는 INM 연구소의 소장이 일본을 방문하여, 가나가와 현 주최로 심포지엄을 개최했다. 그 소장이 나에게 우리 연구소의 산학 협동이 일본에서 모범적인 본보기인지를 물었다. 나는 예외라고 대답했다. 하지만 만일 앞으로의 세계에서 우리 연구소가 예외가 아닌, 전형적인 모델이 된다면 산업계는 활력이 넘치는 모습으로 바뀔 것이다. 더구나 지금 정부에서는 미래의 산업은 대학의 지식을 어떻게 활용하느냐에 성패가 달렸다고 강조하고 있다.

아마도 모두 머리로는 알고 있어도 실제로는 노하우를 모르기 때문에 하지 못할 뿐이다. 방법은 서로 신뢰 관계를 배양해 나가는 것이다. 신뢰 관계를 쌓아 가려면 돈을 의식하지 말아야 한다. 그렇게만 된다면 그 단계는 자연스럽게 진척될 것이라고 나는 믿고 있다. 따라서 이러한 시스템을 만드는 데 소신을 밝혀 나가고 싶다. 의식하여 서로 협력하고 신뢰 관계를 얼마나 깊이 만들어 가느냐가 중요한 열쇠가 된다. 서로 정보를 어느 정도 공개하지 않고서는 산학 협동은 성립되지 못한다. 나는 현재 이 시스템 구축을 한층 더 진행시키고 있다.

제조업이 중요하게 여겨야 하는 '장인 정신'

원래 일본이라는 나라는 장인 정신을 바탕으로 한 '제조업'이 하나의 큰 힘을 갖고 있다. 그런데 현재는 제조업이 그렇게 중요하다는 사실을 의식하고 있는 경영자가 별로 없다. "중소기업에서 연구라니, 그게 어디 가능하겠어요? 연구는 대기업에게 맡기면 되지요." 제조업을 하면서도 이러한 의식을 갖고 있는 사람이 많다. 제품을 만드는 노하우는 약품 제조 회사나 재료 제조 회사에 맡기고, 그 약품과 재료를 구입하여 가공하는 것만이 자신들의 일이라고 생각하는 경영자가 대부분이다. 경영자 중에는 문과계 출신이 많은 것 같은데, 경영자라면 '제조'가 하나

의 큰 힘이 되어 일본을 받치고 있다는 사실을 인식하고 '제조'
에 관한 모든 것을 확실히 알고 있어야 한다. 현재는 그러한 사
고가 결여되어 있다.

나카무라 미노루 교수도 공학 용어인 '사이버네틱스'†라는
용어를 사용하여 "일본 경제는 떨어질 데까지 떨어지고 나서야
회복할 수 있다.", "사람은 최악의 상황을 맛보지 않으면 그 다
음 단계로 나아가지를 못한다."라고 언급했다. 경제를 전공한
사람이 정말로 공학의 핵심까지 제대로 알고 있을까. 결코 그렇
지 않다. 우리는 정말이지 성실하게 제품을 마주하고 '제조'를
실행하고 있다. 이러한 공학을 공부하고 있는 입장에서 사회 정
세를 바라보면 여러 가지 정보를 알게 되지만 그 사실을 언급하
는 사람은 세상에 의외로 적다. 공학을 연구하는 사람들은 결코
문장 표현력이 풍부하지 못하기 때문이다.

· 가령 열역학(熱力學)에서 엔트로피 법칙†이라는 자연법칙
을 토대로, 누군가 "이 영역은 팍 오를 거야." 하고 말한다 해도
"잠깐 기다려 봐. 그러한 상황이 되면 절대 엔트로피가 증가하
겠지만 무언가 문제가 일어날 게 뻔하잖아."라고 우리는 의식으
로서 알고 있다. 주가도 마찬가지다. 경제만 공부해 온 경영자
중에는 경제 정세가 어떻게 돌아가는지, 또는 사이버네틱스가
뭔지 잘 알지 못하는 사람이 있다.

요즘 고교생이 이과계를 기피하고 있는 현상에 관해서 말

해 보자면, 중고등학교 교사에게
실례가 될지 모르지만, 담당 교사
가 이과계의 과학 기술에 그다지
깊은 지각을 지니고 있지 못해서,

즉 문과계에 가까운 교사만 있기 때문에 학생들도 이과계를 기
피하고 있는 것이 아닐까 하는 생각이 든다. 문제를 깊이 파고
들다 보면 이런 생각에까지 이르게 되어 미래가 한층 더 불안
하게 느껴지지만, 어쨌거나 경영자는 공학에 관해 더 많은 지식
을 습득해야 할 것이다. 다만, 중소기업 중에도 최근에 연구 개
발이라는 '장인 정신을 토대로 한 제조'를 의식하면서 일에 몰
두하려는 사고를 지닌 제조 기업이 하나둘씩 눈에 띄고 있다.
21세기형이라고나 할까. 이러한 일본 사회의 근간을 눈여겨보
고 새로운 시대를 걸머지고 나아가려는 기업이 늘어나고 있다.

　일본에는, 거슬러 올라가면 오직 미국이나 유럽을 '따라잡
고 추월하자'는 마음으로 일해 온 시대가 있었다. 또한, 제조업
을 주로 하는 중소기업의 경우에도 장비와 약품만 사면 다 되
는 줄 알고, 그 다음에는 모방만 하면 된다고 여기는 풍조가 있
었기에 아직까지도 그러한 사고방식에서 벗어나지 못한 기업이
많을 것이다. 하지만 이대로는 안 된다. 앞으로 살아남기 위해
서는 연구 개발의 중요성을 인식하고 다른 회사보다 한 단계 앞
을 내다보는 회사가 훌륭하게 성장해 나갈 수 있다. 이런 회사

에서는 경영자가 '물품을 만드는 장인 정신'을 의식하면서 팀을 지휘하여 한 마음으로 이끌어 간다. 발전하는 기업은 전형적으로 긴장감이 있으면서도 서로 잘 돌보아 주는 화기애애한 분위기를 만들어 간다. 긴장감이 감돌면서 결속력이 있는 사내 분위기를 형성하는 것도 경영자의 리더십에 달렸다. 일본에는 그런 회사가 필요하다. 단지 회사 규모가 커지는 것만이 발전을 의미하지는 않는다. 규모는 작더라도 자기 분야에서 자신의 지위를 확고히 하는 회사야말로 작은 고추가 맵다는 말이 딱 들어맞는, 제대로 발전하는 회사다. 그렇게 빛나는 가치를 지닌 기업이야말로 앞으로 살아남을 수 있다.

산학 협동의 성립

간토가쿠인 대학 캠퍼스의 중심은 가나자와(金沢) 8경에 있다. 가나자와 8경은 게이힌(京浜) 공업 지대의 맨 끝 부분에 위치하고 있다. 지금으로부터 50여 년 전에 간토가쿠인 대학은 공업전문학교였다. 종전 후 부흥의 시기였기에 그때부터 제조업을 시작하려는 사람들이 전문학교의 기계과를 방문하여 "이러이러한 것이 가능할까요?" 하고 요청하는 일이 많았다. 요청에 응하고 싶은 마음과, 또한 학생의 기술 습득을 목적으로 하여 실습 공장이 세워졌다. 이 실습 공장에서 표면 처리 연구가 시작된 것을 계기로 우리 학교는 도금과 인연을 맺게 되었다. 연구 결과는 사업화할 만한 가치가 있었기에 '사업부'로서 영업을 개시했다. 그때 나카무라 교수가 시안화구리(CuCN, 청화동) 도금을 일본 최초로 실용화했다. 교수의 지도 아래서 시안화구리 도금은 일본 내에 널리 보급되었다. 1953년 도요타 자동차의 코로나라는 차종의 범퍼에 시안화구리 도금이 채택되었으며 '도요타 자동차의 도금은 벗겨지지 않고 부식되지도 않는다'고 화제가 되어 신문에 기사가 실리기까지 했다.

그로부터 약 10년 후, 플라스틱 도금 기술이 유럽과 미국으로 진출했다. 우리도 해외로 진출해 보자는 결심으로 연구에 전념하여 나카무라 교수가 완성시킨 제품을 가지고 미국으로 건너갔는데, 미국 제품보다 일본에서 만든 제품이 훨씬 더 우수했던 것이다. 이렇게 간토가쿠인 대학 사업부는 세계의 선두에 서서 플라스틱 도금 공장을 세우게 되었다. 또한 플라스틱 도금을 중심으로 사업화하여 캠퍼스 내에 산학 협동이 훌륭한 형태로 실현되었다. 비록 앞에 언급한 학원 분쟁이 일어나기 전까지 한 때였지만 말이다. 학원 분쟁을 계기로, 대학 내에서 사업을 지속하기 불가능한 상황이 되었기 때문에 사업부를 대학에서 분리하여 간토카세이(関東化成)라는 이름의 회사를 만들었다. 대학이 지주(持株) 회사가 되고 도요타 자동차와 간토 자동차, 그리고 요코하마 은행이 자본을 투자했다. 스톡옵션제[†]를 도입하고 퇴직금 제도를 조정하는 대신에 직원이 주식을 50퍼센트 이상 보유할 수 있게 했다.

우여곡절을 거쳐 탄생한 산학 협동 체제

나카무라 교수가 학교를 그만둔 후로 나는 간토카세이와 여러 가지 공동 작업을 하면서 '어떻게든 나카무라 교수의 의지를 이어받고 싶다'는 신념으로 산학 협동의 방향성을 찾아왔다. 간토카세이 창립 30주년을 기념하던 해에 대학교 이사장과 간토카세이 사장이 다시 한 번 산학 협동의 시스템을 구축하기로 선언하고 새로운 연구소 신설을 기획했다. 그래서 지금으로부터 3년 전에 '표면 공학 연구소'를 설립하기에 이르렀다. 표면 공학 연구소는 주식회사다. 주식 보유 비율은 대학 측이 절반보다 1퍼센트 많은 51퍼센트, 간토카세이가 49퍼센트를 갖기로 결정했다. 사장은 간토가쿠인 대학 학장, 임원으로는 간토가쿠인 대학 이사장과 간토카세이 사장, 그리고 감사로는 간토카세이 부사장이 취임했다. 나는 소장을 맡았다. 표면 처리를 전문으로 하고 인지도가 높기 때문에 표면 공학 연구소라고 이름 지었다. 어느 대학이나 기초와 응용까지는 가능하지만 실용화할 수 없

다는 한계가 있다. 하지만 우리는 공장
을 보유하게 된 것이다.

다시금 생각해 보면, 산학 협동의

† 기업이 임직원에게 자기
회사의 주식을 일정 수량,
일정한 가격으로 매수할 수
있는 권리를 부여하는 제도.

뿌리는 우리 간토가쿠인 대학이며 산학 협동을 유지하는 데 우
여곡절을 면치 못했지만, 어떻게든 여기까지 이르게 된 것이다.
앞서 말한 학원 분쟁 이후, 산학 협동에 관련하여 대학은 기업
과 거리를 두게 되었지만, 5년쯤 전부터 신문을 펼쳐 보면 '산
학 협동·산학 연계'에 관해서 화제를 삼지 않는 날이 없을 정도
였다. 세상에는 역시 산학 협동이 필요했던 것이다. 우리 표면
공학 연구소는 요즘 식으로 말하자면 산학 협동에서 생겨난 벤
처 기업 같은 조직이다. 현재는 산학 협동·산학 연계의 추진이
좋은 평가를 받고 있지만 산학 협동이 잘 이루어지고 있는 사례
는 세상에 그다지 많지 않다.

표면 공학 연구소의 연구원 중에는 간토가쿠인 대학에서
박사 과정을 밟고 있는 대학원생 두 명이 포함되어 있다. 연구
소 소속 대우를 받고 있는 대학원생의 복리 후생은 연구소에서
는 불가능하므로 간토카세이에서 지원해 주고 있다. 대학과 대
학에서 생긴 회사가 설립하였으니 대학과 밀접한 관계에 있기
는 하지만 완전히 독립된 회사다. 산학 협동의 결실로서 하나의
형태를 갖추기까지 1년 반이나 걸렸다. 학교 법인과 기업이 여
러 절차를 거치고 시간을 들여서 형태를 갖추어 온 것이다. 나

는 반드시 성공시켜야 한다는 강하고 적극적인 의지로 이 연구소를 이끌어 왔다.

　일반적으로 많은 산학 협동의 예로서는, 기업과 대학교수 한 사람이 일시적으로 팀을 이루는 형태가 많다. 그렇기에 우리 같이 산학 협동을 회사 조직으로 만들어 매진하는 것과는 사고방식 자체가 다르다. 대학교수가 특허 취득에 관련된 사무 절차나 금전 면에서의 자잘한 일에까지 시간을 할애할 필요는 없다. 연구하는 측과 관리하는 측이 나뉘어져 있으므로 모든 일을 효율적으로 진행할 수 있다.

산학 협동의 미래를 어떻게 해 나갈까?

기업들 간에도 서로 연계하여 함께하는 협동 작업은 결코 쉬운 일이 아니다. 산업계에서는 서로 경쟁하기 때문이다. 표면상으로는 공동 작업처럼 보일지라도 내부 상황을 들여다 보면 그렇지 않은 경우가 종종 있다. 일본인은 눈앞의 이익에 사로잡히는 경향이 있는지도 모르겠다. 더욱 넓은 시야를 가질 필요가 있지 않을까. 유럽에서는 정부를 중심으로 협업하여 여러 가지 일이 신속하게 이루어진다. 국가가 중심이라기보다 개개인의 사회에 대한 봉사의 마음 문제일 수도 있다. 밑바탕에 종교관이 있는 것이다.

일본의 산업이 더욱 성장하고 새로운 분야에서도 전개되려면 우선은 교육부터 재점검해야 한다. 현재의 교육은 어떤 기업에 들어가면 돈을 많이 벌 수 있느냐 하는 관념에 기초를 두고 있다는 데 문제가 있다. 모두가 자신이 정말로 관심 있는 일을 추구하는 사고를 길러 나간다면 분명 풍요로운 사회가 될 것이다. 현대 사회는 물질적으로는 풍요로워졌지만 정신적으로는 그렇지 못하다. 개개인이 정신적으로도 풍요로워지면 성숙한 사회로 발돋움할 수 있다.

산학 협동에 관련해서 그간 내가 겪어 온 모든 경험은, 산학 협동의 미래에 관해 다양한 사고를 창출해 냈다. '우선은 교육부터 개선해야 한다'는 생각, 내가 주장하는 교육의 모습, 그리고 발상은 언제나 경험과 경험에 의해 배가된 지식에서 생겨난다는 인식 등이다. 또한 발상을 살리는 데는 무엇보다 행동력이 중요하다. 이상을 형태로 바꾸는 행동력이 필요하다. 나는 내가 지도하는 학생들, 그리고 표면 공학 연구소라는 내 신변에서부터 항상 발상을 형태로 바꾸기 위해 신속하게 행동하고 있다.

경제 동향을 공학적 발상으로
내다보다

기술자가 기술자답게 활약할 수 있는 기반

제3장의 시점

제품을 대량으로 생산하던 시대에서 고도의 기술을 적용한 제조가 요구되는 시대로 바뀐 지 몇 년이 지났다. 대량 생산 업무는 점점 해외로 이전되고 있다. 이러한 추세 속에서 기술 연구에 힘을 쏟아 온 일본 기업은 그리 많지 않다. 대부분의 기업은 설비 투자에만 중점을 두고 기술 연구 환경을 소홀히 해 왔기 때문에 유능한 기술자를 양성할 수 없었다. 좋은 연구 환경이 갖추어져 있지 않으니 많은 기술자는 진정한 기술자로서 새로운 연구에 열정을 불태우고 싶은 의지가 옅어질 수밖에 없고, 결국은 판에 박힌 일상 업무나 잔심부름 같은 일을 계속하고 있다.

1999년 이바라키 현 도카이(東海) 촌에서 일어난 원자력 시설 임계 사고[†]나 탱크로리[†] 폭발 사고 등, 기업이 일으킨 사고에 관한 뉴스를 듣다 보면 요즘 기술자들은 머리로만 생각해서 이해할 뿐, 실제 상황에 대해서는 실감하거나 이해하지 못하는 것 같다. 실제 현상을 바탕으로 하여 이해하지 않고 이론만 앞세운 탓에 큰 사고를 초래하는 것이다. 원래대로라면 불량이 나온 뒤에 허둥지둥할 것이 아니라 평소에 꼭 해야 할 일을 정확히 해 두어야 한다. 우리는 연구 실험을 수없이 행해야 하므로 그 과정에서 화학 약품의 안전한 취급 방법도 확실히 익혀 놓아야 한다.

앞으로 기업 경영자는 기존의 사고방식을 바꾸어 이익의 일부를 연구 개발비로 투자해야 한다. 나는 시대를 짊어진 기술자에 대한 재교육의 필요성을 절실히 느끼고 있다. 기업의 규모보다도 질적 향상이 요구되는 시대를 맞이하여 일본의 제조업은 앞으로 어떻게 살아남을 것인가. 생각하건대 신기술 개발에 뒤처진 제조 회사는 분명히 쇠퇴할 것이다. 일본은 특허의 출원 건수가 많은 데 비해서 두드러지게 뛰어난 특허가 적다. 일본 기업에는 특허로 거금의 라이선스 수입을 벌어들이는 전략이 부족하다. 일본이 저하된 국제 경쟁력을 급격히 회복하는 일은 불가능하다. 앞으로는 신규 설비를 도입하고 고도의 기술이 뒷받침하는 '제조'를 중시해 나가야 한다. 기술자가 기술자답게 활약할 수 있는 환경을 갖추어 연구 기반을 단단히 다지는 일이 최우선이다.

† 핵연료 가공 회사인 주식회사 JCO의 핵연료 가공 시설에서 일어난 사고.

† tank lorry: 석유, 프로판가스, 화학 약품 따위의 액체나 기체를 대량으로 실어 나를 수 있는 탱크를 갖춘 화물 자동차.

미래의 제조업

제조업의 역할은 이미 끝난 것일까?

종전 후 농업에서 공업으로, 지방에서 도심으로 산업 구조와 고용 형태가 크게 변화하고 생활도 풍요로워졌다. 그리고 무엇보다 서민의 생활을 강력하게 지탱하여 안정된 고용을 확보해 온 저력은 대규모 제조 공장에 있었다. 하지만 현재 제조업을 중심으로 고용은 급속히 감소하고 대전환기마저 맞고 있다. 다시 말해 선진국들의 제조업에서 창출되는 생산량이 2020년에 현재의 배 이상이 되지만, 고용은 대폭 축소될 것이라고 한다. 현재 이미 유럽, 특히 독일과 프랑스는 실업률이 두 자릿수대로 들어서 큰 사회 불안을 안고 있다. 선진국들 중에서 일본만이 특이한 상황으로, 제조업이 전체 취업 인구의 약 25퍼센트나 차지하고 있어 최고 수준이라고 할 수 있다. 일본은 1980년대부터 1990년대에 걸쳐 제조업의 힘으로 경제 대국의 지위를 한층 더 끌어올렸다. 앞으로는 지식 산업과 유통 산업이 경제 발전의 주역이 될 것으로 전망되며, 제조업은 절대 주역은 되지 못할 것이라고들 말한다. 일본은 원래부터 자신 있는 분야였던 제조업, 특히 고도의 기술을 요구하는 분야에서 활로를 찾아야 한다.

'특허와 브랜드' 전략

21세기 일본 산업계의 흥망은 가치가 높은 특허와 브랜드를 얼마나 잘 활용하느냐에 달려 있다고 할 수 있다. 특허에 관해 살펴보면, 출원 건수는 늘어났지만 해외로의 출원은 극히 적다. 이와 대조적으로 서구 여러 나라에서는 외국으로의 출원 건수가 많다. 바로 외국에서 특허료 수입을 벌어들이려는 전략의 결과다. 일본에는 두드러지게 뛰어난 특허는 적고 개량형이 80퍼센트를 차지한다. 이 점에서도 독창성과 창조성이 뒤떨어진다고 지적 받지만 어쩔 수 없다. 또한 바이오 관련 부문에서의 특허 경쟁이 무척이나 치열하지만, 일본에 출원된 특허를 국적별로 살펴보면 일본인에 의한 특허는 45퍼센트에 지나지 않는다고 한다. 게다가 바이오에 관련한 일본의 특허는 거의 활용되지 못하고 있는 실정이다.

일본의 브랜드를 살펴보면 도요타와 소니가 브랜드 랭킹 20위 이내에 들어 있기는 하지만, 100위 이내에는 혼다, 닌텐도, 캐논, 파나소닉밖에 없다. 세계 전략으로 파악해 볼 때, 일본의 기업에는 특허로 거액의 라이선스 수입을 벌어들이고 강력한 브랜드로 거금의 프리미엄을 창출하는 전략이 부족하다. 앞으로 일본 기업의 흥망은 연구 개발을 토대로 한 특허와 브랜드 등 지적 재산을 얼마나 창출하고 얼마나 활용하느냐에 달려 있다.

특허법에 관하여

연구자의 급여와 연구비, 실험기구, 그리고 장비까지 모두 연구자가 소속되어 있는 기관이 부담하고 있으므로 직무상 발명의 성과는 당연히 그 기관에 속한다고 생각한다. 그런데 나 자신은 최근까지 무관심해서 모르고 있었지만 특허법에 의하면 발명의 성과는 기본적으로 개인에게 속한다고 명기되어 있다. 아무리 많은 연구자가 모여 시간을 소비하고 연구비를 들인다 한들 기본적으로는 개인의 번뜩이는 영감이 없으면 새로운 성과를 얻을 수 없기 때문에 개인의 권리를 인정하는 것이다. 다만 일본에서는 기업의 취업 규칙 또는 그에 준하는 규정에서, 직무 발명은 기업에 양도하도록 출원 시 권리양도 서류를 제출할 것을 의무화하고 있다. 일반적으로 발명자에게는 특허 한 건에 몇만 엔의 보상금만을 지불하도록 해 왔던 것이다.

하지만 특허에 따라서는 그 기업에 막대한 이익을 안겨 주기도 하므로 1990년대에 특허 포상 제도가 확충되었다. 개중에는 포상금을 최고 1억 엔 지급한 기업도 있다. 또한 정부계 기관인 산업 기술 종합 연구소에서는 특허료 수입의 4분의 1을 연구자에게 환원하는 움직임이 있다. 문부과학성(文部科學省)에서는 지금까지 특허가 실용화될 경우 발명자에게 지급하는 보수의 상한선을 1인당 연간 600만 엔으로 정해 왔다. 하지만 이제는 이 제한 규정을 철폐하고 특허로 인해 연간 1억 엔의 수입

공학자의 사고법

을 얻을 경우에는 25퍼센트 정도를 보수로 정하는 안건을 검토하고 있다. 이처럼 발명자로의 환원 비율이 높아질 것이다. 돈만이 목적은 아니지만 사회적인 지위라든지 풍족함을 실감할 수 있어야 한다. 일반 대중을 상대로 한 연예인이나 스포츠 선수가 막대한 수입을 벌어들이는 것과 비교하면 아무래도 연구자가 풍요롭다고는 할 수 없지 않을까. 성공한 사람에 대한 보수는 더욱 올려야 한다고 생각한다. 보수의 용도는 당사자가 알아서 할 일이다. 연구자 중에는 기부 형태로 사회에 환원하는 사람이 있는가 하면 자신의 생활을 조금 더 풍요롭게 하는 데쓰는 사람도 있다. 저마다 각인각색 원하는 대로 사용하면 좋지 않은가. (2002년 12월)

국제 경쟁력의 저하

전 세계가 동시에 불황에 빠지다?!

일본의 국제 경쟁력은 12~13년 전에 세계 최고였다. 하지만 2001년 10월 중순, 미국 싱크 탱크의 조사 발표에 따르면 핀란드가 1위이며 일본은 21위다. 경제 대국으로 평가되던 일본이 단기간에 몰락한 것이다. 버블 경제가 붕괴되고 불량 채권이 증가하여 정부도 다양한 대책을 실시해 왔지만 엑셀과 브레이크를 동시에 밟는 형국이 되어 별반 효과가 없었다. 게다가 연타를 가하듯이 그 해 9월, 그 끔찍한 9·11 테러 사건[†]과 아프가니스탄 전쟁[†], 탄저균 사건[†]이 발생하면서 세계의 동시 불황은 점점 심각해졌다.

일본에서는 자민당 압승 하에 고이즈미(小泉 純一郎) 정권이 2~3년을 목표로 하여 불량 채권의 최종 처리에 착수하고 정리 회수 기구도 당분간 강제적인 채권 회수를 절제하며 경영 재건을 지원하는 방침을 세웠다. 단기적인 회수보다는 경영 재건을 기다리는 편이 장기적으로는 회수 금액이 커진다. 8월 하순, 첨단 기술을 중심으로 한 기업의 실적이 더욱 악화되고 일본 주식시장의 대표적인 주가 지표인 닛케이 평균 주가가 최저치를 경신했다. 그 후 9월의 사건으로 주가는 더욱 급락하였고, 특히 첨단 기술에 무게를 둔 투자가의 주식은 4월 시점부터 이미 3분의 1정도로 가치가 폭락했다. 세계 동시 불황이므로 어찌 손 쓸 방법이 없는 상태인 걸까.

앞으로의 고용 체제

실업자는 정부의 예측을 훨씬 넘어 실제로는 400만 명에 달한다고 한다. 게다가 그 대상자는 40대부터 50대의 고급 인력이다. 자살자도 3만 명을 넘어섰다. 신규 대학 졸업자 채용도 문이 좁아져 어쩔 수 없이 프리터가 되기도 하고, 또한 파견 사원으로 취업하는 젊은이들이 눈에 띄게 늘었다. 게다가 기업에서는 구조 조정 단계로서 우선 파견 사원부터 해고하기 시작했다. 어떤 학생이 이러한 현실에 대해 '불행은 찾아와도 행복은 오지 않는다'고 풍자[†]했다.

얼마 전 오랜만에 고향인 도야마(富山) 현 다카오카(高岡) 시에 가 보았는데 고속 도로도, 신칸센도 여기저기서 공사가 중단

된 채 어수선한 모습이었다. 지역 산업을 비롯한 몇 개의 상장 기업이 상당히 어려운 상황이다. 몇천 명이나 되는 종업원의 조기 퇴직, 상여금 삭감, 승진 중지. 인터넷으로 그 기업의 게시판에 들어가 보니 예전 직원과 현재 직원들이 경영자에 관해 불평불만을 써 놓은 글들이 눈에 띄었다. 호쿠리쿠(北陸) 제일의 공업 현에서조차 이러한 상태니 더욱 참담한 상황에 놓여 있는 지방 기업은 얼마나 많겠는가. 이렇게 일본의 종신 고용은 와해되어 갔다. 샐러리맨은 종신 고용하에서 안심하고 중산층 의식을 갖고 생활을 구축해 왔다. 일하는 사람들이 안정된 생활을 유지할 수 있었기에 일본인의 도덕성은 높아지고, 또한 기업에 대한

귀속 의식의 높이가 지금까지의 일본의 성장을 지탱해 왔다. 그러나 이제는 세계적인 동시 불황 속에서 이러한 고용 체제를 유지할 수 없게 되었다. 또한 종신 고용제는 일본의 범죄 사회화를 억제해 왔다. 그러나 최근 신문과 텔레비전을 보면 알 수 있듯이 사회가 불안정할수록 범죄 건수는 늘어나고, 범죄는 더 흉악해진다. 역설적이게도 경비 관련 회사의 주가는 상승세를 타고 있다.

국가의 재정을 비롯하여 연금, 은행, 생명 보험, 우편 저금, 간이 생명 보험 등은 모두 큰 적자다. 그렇지 않아도 장래에 불안을 느끼는 고령자는 이러한 상황에서 더욱더 구매 의욕이 사라지고 없을 것이다. 연금 재원은 바닥이 난 상태이니 연금 적립액을 대폭 높이지 않는 이상, 연금 지급액을 대폭 삭감하든지 아니면 연금 지급 연령을 높이는 수밖에 대책이 없다. 8월 초순이었던가, 개혁의 골자가 소개되었는데 안전책으로써 중년층에게도 재취직을 위한 공부를 하라고 한다. 지금까지 오랜 세월에 걸쳐 공공사업에 의존해 온 건축 관련 회사나 일반 기업에서 중년층 노동력의 재교육이 실시되어야 한다고 강조하지만, 과연 가능할까? 재취업으로 급여도 지위도 낮아질 것이다. (2001년 12월)

일본형 시스템의 전환기인가?

'상의 드릴 일이 있습니다만'의 심각도가 달라졌다!

"상의드릴 일이 있는데요." 졸업생으로부터 이 말로 시작되는 전화를 받으면, 나는 용건을 듣기도 전에 바로 "그만두는 건가?" 하고 반문한다. 대부분이 회사에 대한 불만이나 동료 또는 선배와의 인간 관계로 인해 전직하고 싶다는 내용이다. 예전에는 이러한 상담을 받는 경우가 드물어서 몇 년에 고작 한 번 정도였다. 이제까지는 사정을 듣고 어지간한 경우가 아니면, 지금은 참고 견뎌야 할 때이니 이러쿵저러쿵 불평하기 전에 확실히 능력을 갖추라고 잘 타일러 왔다. 하지만 최근 몇 개월 동안 회사를 그만두고 싶다는 전화와 메일을 끊임없이 받고 있다. 지금까지의 이유와는 전혀 다르다. 일이 현저히 줄어들어 잔업이 없어지고 상여금 삭감에 업무의 배치 전환, 능력급을 중시한 연봉제 도입 등, 이들은 장래에 대한 불안을 느끼고 있었다.

하지만 그만두고 어디로 갈 것인가? 같은 업계에서 전직하고자 해도 어디든 같은 상황이다. 현실적으로는 대량 생산형 업무 대부분이 인건비가 싼 해외로 옮겨 가고 있다. 지금까지의 대량 생산을 중심으로 한 시스템이 크게 달라지고 있다. "자네가 앞으로 기술을 바탕으로 살아가려면 지금 견뎌 내는 것이 중요하다네. 지금까지의 생활을 20퍼센트 정도 절제하면서 살아갈 수는 없겠는가? 일본 전체의 경제 상황을 좀 보게나." 당사자에게 이러한 말이 얼마나 통할지는 알 수 없다. 지금까지는 참고 견디라고 만류하느라 애쓰고, 대부분 그렇게 잘 해결되었다. 하지만 요즘은 사회 전체의 시스템이 크게 바뀌기 때문에 벌어지는 일이라 내 말이 젊은이들에게 통하지 않을지도 모른다.

최악의 시기를 어떻게 극복할까?

'실업자가 120만 명 증가하여 실업률은 7퍼센트대로', 기업 도산은 과거 최악의 기록을 경신했다. 6월 초에 샐러리맨에 대한 앙케트 조사에 의하면 네 명 중 한 명이 실업 불안을 느끼고 있다고 한다. 경제 구조 개혁, 불량 채권 최종 처리의 아픔인가. 경기 회복을 꾀하면서 실시하는 구조 개혁은 도저히 무리인 걸까. 최종 처리의 대상이 되는 대형 은행의 불량 채권은 약 13조 엔이라고 한다. 한편 지방 은행, 제2지방 은행도 최종 처리를 강요당하기는 마찬가지여서 불량 채권이 24조 엔에 달한다고 한다. 이 금액의 대부분은 종합 건설 회사, 부동산, 제2금융 회사, 유통 회사에서 비롯된 것으로 그중 절반 이상은 건설 회사 건이다.

나카무라 교수는 자주 이렇게 말했다. "이렇게 되면 부채를 탕감하는 수밖에 없지!" 건설 회사는 채권 포기로 살아남았는데 그러자 오히려 업계 전체가 과당 경쟁의 구조 불황에 빠져 이대로는 다 함께 망할 거라며 도태를 바라는 목소리가 커졌다.

공학자의 사고법

문제 기업을 살아남게 하는 것은 기존에 해 오던 방식과 마찬가지로 유보일 뿐이다. 고이즈미 내각은 구조 개혁을 목표로 강경한 경제 대책 노선을 취할 것이다. 작년에 기업의 도산 건수는 약 2만 건으로 지금까지 중 가장 심각했다. 올해는 더욱 심해 3만 건 가까이 달한다고 한다.

24조 엔의 불량 채권이 폐기되면, 120만 명이 일자리를 잃게 되어 실업자는 현재의 350만 명에서 470만 명으로 늘어날 것이다. 이처럼 구조 개혁은 고통을 수반하며 일본 경제를 악화시킬 것이 틀림없지만, 신내각은 개혁과 회복의 양립을 목표로 삼고 있다. 재정 재건을 강조하는 고이즈미 총리는 실업자에 대한 안전책으로 2조 엔에서 3조 엔을 사용하겠다고 밝혔다. 도시 정비와 IT 관련 사업에 예산을 배분하고 경기가 더 악화되지 않도록 하면서 구조 개혁과 경기 회복을 양립해 나가겠다고 공표했다.

하지만 지금까지 문제 해결을 계속 미루어 두었던 데 대한 타격은 상상 외로 커서 12조 7천 억 엔 규모의 불량 채권을 직접 처리한다고 해도 문제 기업에 발행된 채권은 151조 엔이나 남아 있다는 사실이 판명되었다. 은행 보유 주식 취득 기구, 증권 세제 개혁, 토지 유동화 대책 등이 마련되고 있지만 경제의 기사회생으로 이어지지는 않을 것이다. 대부분의 경제학자들은 개혁과 경기 회복의 양립은 불가능하다고 주장하고 있다. 사이버네틱스(생물이나 기계의 제어에 관한 이론으로 사회 현상에도 적용된다)라는 공학 용어가 있는데, 한 번 떨어질 데까지 떨어져 보지 않는 한 일본 경제의 재생은 있을 수 없는 일일까.

21세기형의 새로운 경영 모색

전후 일본은 '따라잡고 추월하자'를 표어로 악착같이 일 해 온 덕에 1987년에는 GDP(Gross Domestic Product, 국내 총생산)와 GNP(Gross National Product, 국민 총생산)에서 미국을 앞질렀다. 지금까지는 대량 생산 체제로 물품을 계속 만들어 내고 일본 국내를 비롯하여 세계로 척척 팔면 경제 성장은 틀림없었다. 표면 처리 산업만 해도 생산을 중시하고 설비 투자를 충분히 거듭하면서 약품 제조 회사에서 그에 알맞은 약품을 구입하면 그 기업은 점점 성장했다. 하지만 대량 생산형 산업 기반이 대부분 해외로 이주하여 일본 내에는 상당한 고도 기술을 필요로 하는 분야만 남게 되었다. 최첨단 기술의 생산 거점도 일본이 아닌 중국 본토로 옮겨 가고 있다고 한다. 1990년대로 들어선 후로는 이른바 '잃어버린 10년'이라고들 하듯이, 한때 토지나 부동산 가격은 무조건 오른다는 신화를 믿고 토지와 부동산을 사들였던 기업들은 거품 경제가 무너진 뒤 도산 등으로 우르르 무너져 내렸다.

　유니클로 현상에서 볼 수 있듯이, 인터넷 사회는 정보의 전달 속도가 매우 빨라서 지역 격차는 없어지고 글로벌 경제화가 한층 더 진행되었다. 모든 제품에 이제껏 없던 경쟁 원리가 가동되고 이윤은 점점 낮아진다. 마지막에 남는 분야는 가장 부

† 관심 있는 한 가지 일에 경제력을 집중시키는 사고방식으로 데라야마 슈지가 만들어 낸 용어.

가 치가 높은 서비스일까. 아니면 두뇌만을 사용한 가장 에너지 효율이 높은 소프트 기술일까. 물질적인 가치보다 사고방식이나 소프트 서비스 영역의 가치가 더 높다. 생산 수단이 개발 도상국에 제공되면 될수록 일본에서는 부가 가치가 높은 대량 생산이 힘들어진다. 높은 지식과 노하우 없이는 불가능한 기술과 제조 부문밖에 살아남을 수 없다. 또한 새로운 기술에 도전하고 있는 기업이 많아진 듯하며 메일이나 전화로 기술적인 질문도 많아졌다. 해외에서도 메일로 많은 질문이 쏟아진다. 개중에는 직접적으로 '도금조(鍍金槽)의 성분비를 모두 알려 달라'는 노골적인 요청도 있다. 이러한 메일을 제외하고 의욕적인 문의 내용에는 성의껏 답변을 보낸다.

앞부분에서 연구소 설립의 긴급성을 설명했지만, 이제 장래에는 지금까지와 다른 방법, 즉 연구에 대해 대학으로서의 권리를 지키고 재투자 자금을 벌면서 연구를 해야 하는 시기가 도래했다. 다른 대학과 같은 일을 해서는, 더구나 뒤쫓아 따라가는 정도라면 앞으로는 점점 더 상황이 악화될 것이 분명하다. 우리 대학의 사업부를 근간으로 한 표면 공학은 일점호화주의†까지는 아니지만, 50년 이상 명맥을 이어왔다. 표면 공학을 발

전시킨 전자 공학 실장(實裝)†의 산업계에서는 확실히 우리 대학을 졸업한 동문들이 활약하고 있다.

　　문부과학성은 국립 대학의 재편과 통합, 그리고 효율화를 각 대학에 요구하고 예산의 대폭 삭감과 독립 법인화를 구체적으로 추진하고 있다. 그 내용을 소개하자면 국립 대학에 민간적 발상의 경영 방법을 도입, 재편한 대대적인 통합의 추진, 조기 독립 법인화, 제3자 평가의 도입 등이다. 게다가 국립과 사립 대학 중에서 높은 평가를 받은 30개 대학에 자금을 중점 배분하겠다고 한다. 고이즈미 내각이 내세운 '기반이 튼튼한 개혁'의 대학 버전인 셈이다. 대학은 연구형, 연구 교육형, 교육형으로 구분되어 커다란 변혁기를 맞이했다. 개구리는 뜨거운 물에 넣으면 깜짝 놀라서 튀어 나오지만, 미지근한 물에 넣고 서서히 온도를 높여 가면 그대로 죽고 만다. 우리 대학은 아직 미지근한 물속에서 헤어 나오지 못하고 있다. 이대로라면 개구리와 같은 운명을 겪게 될 것이 분명하다.

일본의 벤처 기업

일본의 벤처 기업의 성장 조건

1949년에 인사원 권고 제도가 발족된 이래, 작년 말 처음으로

상여금을 0.3퍼센트 인하하라는 권고
를 받았다. 민간에서는 이미 인원 삭
감, 워크셰어링†, 조기 퇴직, 명예퇴직
등 더 이상 미룰 수 없는 정책이 강구
되어 왔는데도 대책이 설미지근하다

† 실장: 전자 부품을 인쇄 회로
  기판에 부착시키는 것.
† work sharing: 일을 나누어
  고용의 기회를 늘리는 정책.
† ISO: 나라마다 다른 공업
  규격을 조정, 통일하여 세계
  공통의 표준 개발을 목적으로
  설립된 국제기구.

는 비판은 부정할 수 없다. 국가 및 많은 지방 자치 단체 수준에
서 재정 적자, 인건비 삭감은 당연한 방법이다. 장래에 대한 불
안이 점점 증폭되고 개인 소비(젊은이는 예외인가 모르겠지만)
도 위축된 상태다. 1989년에 시작된 최첨단 양산 산업의 종말
을 의미하는 것일까. 승용차의 생산 대수를 예로 들면, 1989년
쯤까지는 착실하게 생산 대수가 늘어나 연간 약 300만 대가
생산되었다. 그러고는 몇 년 사이에 현저한 성장을 보여 연간
500만 대를 넘어서기에 이르렀다. 그 후 버블 경제의 거품이 빠
지자 생산 대수는 대폭 감소했다.

이와 같은 현상이 대부분의 일본 제조 관련 산업에도 들어
맞는 것은 아닐까. 대폭 증가된 생산에 따른 설비 투자, 버블 종
말로 인한 과잉 설비의 정리, 가격 파괴, 그간 추진되어 온 국제
표준화 기구† 시리즈, 제조의 국제 통일 규격화에 따라 한층 더
요구되는 효율화와 가격 하락, 저원가 노동 시장을 추구하는 해
외로의 이전 등 여러 상황이 전개되고 있다.

1994~1995년부터 붐이 일어난 인터넷 중심의 정보 산업

은 21세기의 핵심이 되었다. 일본에서는 버블 경제의 거품이 사그라진 후에도 정보 기기에 관련된 부품과 제품만은 생산이 확대되었다. 하지만 정보 기기 영역에서도 하드웨어에만 주력했기 때문에 소프트웨어 분야의 이익은 대부분 미국이 가져가는 결과를 낳았다. 20세기 공업화 사회형 기술에서 정보 사회형 기술로 옮겨 가지 않으면 안 된다. 하지만 일본은 소프트웨어 분야에 취약하여 벤처 기업이 성장하기 어렵다. 규제가 많기 때문이다. 이러한 문제점들이 지적되자 최근에는 소프트웨어나 새로운 산업을 중심으로 한 벤처 기업 육성에 힘을 쏟자고 화제가 되고 있지만 지금까지 일본에서 형성되어 온 풍토, 관습, 기질 등을 살펴볼 때 과연 제대로 육성할 수 있을지 부정적인 시각이 대부분이다.

그러나 종전 직후 공업화 사회로 발전하는 데 토대가 된 소니의 이부카 마사루(井深大, 1908-1997), 오므론(OMRON)의 다테이시 가즈마(立石一真, 1900-1991), 혼다의 혼다 소이치로(本田宗一郎, 1906-1991) 등 창업자는 물론, 표면 처리에 관련된 기업들의 선대 또는 현역 경영자는 대부분 지금 말하는 벤처 기업을 일으킨 인물들이다. 공업화 기술 분야에서는 이렇듯 훌륭하게 벤처 기업이 발달해 왔지만 과연 소프트웨어 분야는 어떠한 상황일까. 어느 시대든 반드시 그 시대의 요청에 따라 소프트웨어 산업도 성장하게 될 것이라고 낙관적으로 기대하고 있다.

공학자의 사고법

시급한 고용과 구조 개혁

대기업에서는 어쩔 수 없이 몇천 명에서 몇만 명에 이르는 인원 삭감을 포함한 재건 계획이 발표되었다. 노동 조합을 중심으로 고용 유지를 요구하는 목소리가 높아지는 것도 당연한 현상이다. 하지만 기업에서 고용을 유지하기 위한 구체적인 방법은 아무래도 논의되고 있지 않은 듯하다. 고용의 삭감을 최소한으로 줄이려면 기업 내부에 신규 사업을 육성할 인원과 비책을 보유하고 있으면 가능하다. 이제까지는 고용 유지보다는 적극적으로 새로운 비즈니스를 펼치려는 시도가 많이 이루어져 왔다. 하지만 대부분 실패로 끝나고 원상태로 되돌아가는 경우가 많았다. 새로운 아이디어나 기술 없이 다른 사람이나 기업과 똑같은 일을 따라 하기만 하니 모두 같은 방향을 향해 나아가느라 경쟁만 치열해질 뿐 직원들의 능력이나 기술의 전환은 원활히 이루어지지 않았던 것이다.

최근 일이 훌륭하게 추진된 예로서 일본 전기(NEC)의 도치기(栃木) 공장을 들 수 있다. 제어 기기를 생산하던 도치기 공장은 전혀 다른 영역인 전지(電池)의 생산 거점으로 바뀌어 다시 살아나고 있다. 기업과 직원의 노력 여하에 따라서는 인원의 구조 조정 없이 이렇듯 고용 확보를 추진할 수 있다. 그렇다고 해도 지금까지 제어 기기와 의료 기기를 월 10대 정도 생산하던 일본 전기 도치기 공장이 월 몇십만 대를 생산하는 양산 공장으로 탈바꿈하는 데 성공한 배경에는 직원들과 경영자의 남다른 노력이 있었을 것이다. 실제로 백 수십 명의 직원이 도야마(富山) 현의 뉴젠(入善)에 있는 공장으로 단신 부임하여 1년간 재교육을 받았다. 제어 관계의 전기 공학계 기술과는 전혀 전문 분야가 다른, 전지와 화학 재료에 관해 교육을 받았을 뿐만 아니라 양산 기술까지도 배웠다. 기업 측도 도야마 공장에서의 훈련 기간인 1년간의 급여, 상여, 주택비, 연말연시의 귀성 비용을 부담했다. 성공적으로 사업의 구조를 개혁하고 고용을 확보하는 데는 이렇듯 경영자와 직원들의 노력이 필요하기 마련이다.

최근 닛산(日産) 자동차의 최고 경영자 카를로스 곤(Carlos Ghosn)은 적자에 시달리는 회사의 재건 계획을 발표하면서 생산성이 낮은 무라야마(村山) 공장의 폐쇄와 관련하여 배치 전환† 의사를 표명했다. 이렇듯 앞으로는 인원을 줄이는 것이 아니라 고용 유지를 배려한 계획이 실행되기를 기대한다. 그러기 위해서는 직원들도 능력을 개발할 수 있는 대응력이 있어야 한다. 이제 능력이 없는 사람은 도태되는 시대가 온 것이다.

재산 관리에 관해서

재산 관리의 주체

일본의 일반 가정에서는 누가 재산을 관리할까. 일반적이고 보

　공학자의 사고법

편적인 가정에서는 아내가 관리한다. 통계 결과는 모르겠지만 아마 70퍼센트 이상의 가정이 아내가 경제권을 쥐고 있을 것이다. 남편이 재정적인 문제에 전혀 무관심한 가정도 있다. 샐러리맨이라면 당연히 일하는 날에는 회사에 있

† 무라야마 공장에서 생산하는 '마치'는 옷파마 공장으로, '로렐'은 도치기 공장으로, 각각의 생산 라인을 이전하여 조업률을 높였다. 공장 인력의 대다수는 도치기 공장으로 이동시켰다. 고향을 떠나기 싫다는 이유로 퇴직하는 약 20퍼센트의 직원들에게는 갖가지 수당의 형태로 보답하고 고향에서 새로운 일을 찾을 수 있도록 도왔다.

고 급여는 은행 계좌로 입금되므로 자연스럽게 아내가 관리하게 된다. 다만 대부분의 가정에서 재산의 큰 틀은 남편이 직접 다루고 나머지 관리를 아내에게 맡기고 있다. 남자로서 짠돌이가 되고 싶지는 않을 테니 아내를 믿고 맡기면 좋을 것이다. 그 밖에도 다양한 이유와 사정이 있겠지만 어느 가정이든 재산 관리는 아내로 정해져 있는 듯하다. 몇 년 전에 절차상의 이유로 마지못해 증권 회사에 나간 적이 있다. 그곳에는 중년과 노년 여성이 무리를 이루고 있었는데 주로 투자 신탁 코너에 여럿이 몰려 있었다. 주가의 동향에는 대부분 관심이 없어 보였으며 주가 현황판을 주시하고 있는 사람은 할아버지들뿐이었다. 이 장면이 아마 최근까지의 증권 회사 장외 시장의 대표적인 모습일 것이다. 또한 입금 업무로 간혹 은행에 가고는 하는데 평일 낮에는 대부분 고객이 주부들이다. 평일 대낮에 샐러리맨은 나다닐 수가 없다. 따라서 당연히 재산은 아내가 관리하게 된다.

이는 어디까지나 일반적인 샐러리맨에 관한 이야기일 뿐 경영자들은, 특히 중소기업에서는 회사의 재산은 물론 개인 재산도 경영자가 직접 관리할 것이다. 만일 아내가 관리하고 있다면 아마도 아내가 그 회사의 임원으로서 회계 업무를 담당하는 경우일 것이다. 그런데 기업의 규모가 커지면 경영자가 직접 재산을 관리하기는 어렵다. 나의 본가도 옛날부터 제조업을 하고 있는데 지금은 종업원이 수백 명으로 늘어났기 때문에 그동안 회사 일을 돕던 아내는 다시 가정으로 돌아와 가사만 돌보고 있다.

하지만 상장 대기업이 되면 사정은 달라진다. 일반적으로 재무관리는 전문가가 집단으로 맡게 된다. 1998년 야쿠르트 본사 간부가 금융 파생 상품 거래 등으로 회사에 거액의 손실을 초래한, 일명 야쿠르트 사건에서 볼 수 있듯이 기업 재산의 운용을 한 사람이 맡으면 큰 문제가 생기고 만다. 어느 세계나 반드시 부정은 일어난다. 인간의 약점이다. 그 사람의 입장이 되어 똑같은 상황이 생긴다고 하면 아마 대부분의 사람은 이 유혹을 물리치기 힘들 것이다. 기독교에서 말하는 원죄(原罪)다.

금융 기관이나 대부분의 불량 채권을 갖고 있는 기업의 체질을 강화하기 위해서 일반 샐러리맨이 희생양이 되는 저금리 정책이 실시되어 왔다. 따라서 현재의 금리는 제로나 마찬가지며 우체국과 은행에 맡겨도 원금이 거의 늘지 않는다. 현재 개인의 예금액은 1200조 엔, 아기까지 포함해서 1인당 1천만 엔씩 저축하고 있다는 계산이 나온다. 또한 올봄부터 고금리 시대의 우편 예금이 대량 상환된다. 올해 4월부터 2년 동안 106조 엔이 되는데, 이 돈은 갈 곳을 찾고 있다. 예금 보호 제도가 1년 연기되었지만, 어쨌든 앞으로는 자신이 재산을 직접 관리해야 한다. 저금리 시대, 앞으로는 어떻게 재산을 운용하면 좋을까.

투자에 관해서

재산 삼분법은 모두가 다 알고 있듯이 재산을 저축, 주식, 부동산으로 삼등분하여 관리 운용하는 방법이다. 미국에서는 당연히 삼분법으로 운용하고 있다. 최근 미국의 이상한 주가 상승으로 이 삼분법도 약간 틀어졌을지 모르지만, 일본과 달리 재산은 남편이 확실히 관리하고 있다. 하지만 부부 평등 의식으로 서로 함께 관리하는 경우도 많을 것이다. 우리 집에서는 내가 재산을 관리한다. 아니, 그렇게 되었다. 나는 철이 들 무렵부터 닛케이 (日経)신문을 읽었다. 지역 신문과 요미우리(読売)신문, 그리고 닛케이신문, 이렇게 세 종류가 배달되었기에 자연스레 그렇게 습관이 되었다. 지금으로부터 약 50년 전의 일이다. 전화가 이미 보급되어 있었지만 전화로 거래를 하는 것이 아니라 증권 회사 직원이 일주일에 한 번 정도 집으로 찾아와 이야기를 나누곤 했다. 당시는 요즘 같이 실적을 올리기 위해 필사적으로 영업을 하는 것도 아니었다. 마치 놀러오는 듯했다. 아버지는 직접 돈을 운용해 보라며 당시 돈으로 몇십만 엔을 내게 맡겼다. 이케다 하야토(池田勇人, 1899-1965) 총리가 소득배증론(所得倍增論)을 제창한 것은 그보다 몇 년 전이었다. 마침 시기가 딱 좋았던 것이다. 구입한 주식은 모두 가격이 올라서 나는 그 이익금으로 대학 등록금을 냈다.

주식을 운용해서 얻은 부차적 효과는 많았다. 우선 신문을 꼼꼼히 읽게 되었고, 그중에서도 신문의 경제면과 기업의 동향에 민감해졌다. 당시부터 계간지가 있었던 것으로 기억하는데, 계간지를 통해 많은 기업의 업무 내용을 알 수 있었다. 대학생 때 텔레비전에서 「정상에 선 남자」[†]라는 재미있는 드라마를 방영했다. 나도 반드시 투자, 아니 투기로 성공해서 정상까지 올라가자고 다짐하면서 매주 흥미롭게 시청했다. 아마 일반인도 서서히 투자 신탁이나 주식에 투자하는 분위기가 무르익던 때였으리라. 대학에 들어가서도, 어디서 내 소문을 들었는지 증권 연구회를 만들자는 제의를 받았다. 경제학부도 아니었기에 그 자리에서 거절했다. 그러나 주식으로 인해 남에게 폐를 끼치고 나도 가슴을 쓸어내렸던 경험을 한 적이 있다. 내가 소개해 투자한 기업이 도산했던 것이다.

야마이치(山一) 증권도 2년 전에 도산하긴 했지만, 40년 전쯤 닛코(日興) 증권이 무너졌던 기억이 있다. 제1차 투자 붐이 처음 일던 시기였다. 대학에 들어가서 나는 관광 사업 연구부를 만들었다. 앞으로 일본이 풍족 † 일본 TBS 방송국에서 1965년 방영.
해지고 발전하면 분명히 관광 사업
이 크게 성장할 것이라고 생각했기 † '국토'의 일본어 발음이 '고쿠도'이므로 회사명을 줄여 말하는 습관대로 읽으면 같은 회사로 생각하기 쉽다.
때문이다. 당시 가마쿠라(鎌倉)와 요
코하마(橫浜) 관광국을 찾아가 과장 이상급과 대등하게 여러
가지 일을 교섭했다. 또한 관광 사업 중에서 장래에는 외국 관
광객이 증가할 것이라고 예측하여 특히 외국인을 대상으로 한
앙케트 조사를 중점적으로 다루었다. 이러한 연유로 친척에게
는 만일 주식에 투자할 거면 이 부문의 주식을 구입하면 좋을
것이라고 하며 후지 관광(주)의 주식을 추천했다. 물론 나는 이
미 몇 주를 구입했다. 그런데 그 주식을 구입한 지 5~6년쯤 지
나서였을까, 회사가 도산하고 말았다. 비록 의도한 바는 아니었
지만 어쨌든 나는 생전 처음으로 친척에게 피해를 끼치는 경험
을 했던 것이다. 그것도 한 사람이 아니라 여러 명이었다. 이 일
을 겪은 후 나는 다른 사람에게는 절대로 주식을 권유하지 않는
다. 그 뒤로는 상장 기업이 도산하는 일은 거의 없었을 것이다.

주가의 상승과 하락

최근에 일본 국토 개발(주)의 도산은 조금 충격이었다. 관련된
주식회사 고쿠도와 일본 국토 개발(주)이 같은 회사라고 착각
했던 것도 실수였다.† 주식을 얼른 팔아 치우는 것이 좋다는 소

문을 여러 번 들었지만, 그럼에도 대기업 종합 건설 회사는 어느 회사나 막대한 불량 채권을 갖고 있기에 설마 대장성†에서 이 회사 하나만 파산시키리라고는 생각조차 하지 못했다.

주식이 감자(減資)된 곳은 현재의 기업명으로 말하자면 요시토미(吉富)제약, (주)파스코(Pasco), 치논(Chinon)의 세 종목 정도였다. 또한 10여 년 전 주식의 절정기 때는 500엔 이하로 내려간 종목이 없었지만, 현재 주가가 절반보다 훨씬 더 떨어진 종목 중에는 10분의 1이 채 못 되는 것도 많다. 아무런 영향은 없다. 이래서는 감자(減資)와 마찬가지다. 그러한 주식은 어쩔 수 없이 더 사들여 매입단가를 낮춤으로써 평균화시킨다.

야마이치의 도산 때는 주식 자체는 보호되었으므로 문제없었지만, 주권(株權)을 바로 다른 증권 회사로 옮길 수가 없었다. 증자할 때의 신주식이나 배서되어 있는 본인 명의의 주권은 각 지점이 폐쇄되기 직전까지 인출할 수 없었던 것이다. 그 사이에 주가가 뛰어오른 주식도 있었지만 말이다. 앞에서 증권 회사를 찾아갔다고 말한 곳은 주권을 옮긴 증권 회사의 장외 모습이다. 그때 일부 배서한 증권을 보았는데, 개인 명의로 되어 있는 것이 의외로 적었다. 이는 개인이 직접 주식을 거래하고 있는 경우는 극히 일부에 지나지 않는다는 뜻이다.

바로 얼마 전에 있었던 야쿠르트 사건을 보면 5~6년 전까지는 주가가 3200엔까지 올랐다가 후에 2000엔 대로 접어들

공학자의 사고법

었는데 바로 그 사건이 발각되자 단번
에 600엔 정도까지 떨어졌다. 야쿠르
트 사는 본업이 건실하니까 나중에 어
떻게든 회복될 것이라고 생각했고, 또
한 주주 우대 혜택으로 프로야구 관전

† 大藏省: 우리나라의
재정경제부에 해당.
† 증권 거래소에서 불공정하게
이루어지고 있는 것으로
보이는 종목을 별도로 모아서
특별반 감시 아래 매매시키는
거래 장소.

시 내야 스탠드 쪽의 지정석에 앉을 수 있으며 1년에 한 번 화
장품이 발송되어 왔기에 일단 주식을 팔지 않고 그대로 갖고 있
었다. 작년 10월경 주가가 반값까지 회복되었지만 최근에 다시
시세가 떨어지고 있다. 연말에 증권 회사에서 전화가 걸려왔다.
"처음 뵙겠습니다. 담당자 아무개입니다. 이런 때 처음으로 전
화 드려 죄송합니다.", "야쿠르트가 감리 포스트†로 결정되었습
니다. 이대로라면 상장이 폐지됩니다."

　　과거의 경험으로 봐서는 영업에서 말하는 대로라면 엄청난
일이다. 집에서 컴퓨터로 증권 회사의 컴퓨터에 접속하여 주식
을 거래하는 홈트레이드(home trade) 서비스가 도입된 후에
는 한 번도 증권 회사 영업 담당과 이야기를 나눈 적이 없었다.
따라서 이러한 때밖에 전화가 걸려오지 않는다. 국토 개발의 일
도 경험했기 때문에 만약 상장 폐지가 된다고 한들, 당황해도
아무 소용없다는 것을 잘 알고 있다. 다만 지금 야쿠르트 사태
는 개인의 부정으로 인한 사건일 뿐 본업 쪽은 건실하니까 믿고
기다릴 수밖에 없다. "어차피 매도가 쏟아져서 값이 나가지 않

을 테니까 팔려고 내놓지 않아도 좋습니다." 그로부터 연일, 하한가의 매도 주문이 이어지기만 하고 매입은 이루어지지 않았다. 약간 불안해졌다. 하지만 유산균 음료와 의약품에 관해서는 아무런 문제도 없다. 만일 매입 주문이 들어오면 잔뜩 사서 주식 수를 늘려 볼까 하고도 생각했을 정도다. 어쨌든 감리 포스트에 들어가기 전 가격으로는 다시 돌아오지 않는 걸까. 이렇게 자신이 투자하면 리스크는 따라오기 마련이다.

자기 책임이 요구된다

최근 10년간은 거품 경제가 꺼진 후 도산, 합병, 감자, 보합 상태 해소 등 급격한 변화가 일어나 기업이 살아남기 위한 고통의 시기였다. 조금 더 구조 조정 대책이 계속되기는 하겠지만 체질이 강화되어 살아남은 기업은 크게 발전할 것으로 기대된다. 지금까지 투자 같은 데는 전혀 관심이 없던 사람이라도 바로 지금이 매입할 때다. 특히 정보 통신 외에는 저가로 방치된 채 있다. 평균 주가가 연말부터 상승하여 거래소의 그 해 최초 입회에서는 1만 9천 엔대의 비싼 값을 기록했다고 일간지의 1면에까지 보도되었지만 실상은 정보 통신과 일부 전자 부품 주식만 이상하리만큼 많이 매입되었을 뿐이다.

이 점에서도 주가의 건전함을 찾아볼 수 없다. 그러니 장외 시장인 소위 닷컴, IT 관련, 하물며 마더즈† 시장에 대해서는 더 무슨 말을 하겠는가. 이번에 마더즈에 2개 회사가 상장되었는데 한 회사는 올해 상반기 예상 매출액이 12억 엔, 이에 대해 시가 총액은 약 9천억 엔(PSR 750배)이다. 또 한 회사는 예상 매출액 6천만 엔에 대해 시가총액 약 800억 엔(PSR 1300배)이다. PSR이란 주가 매출 비율(Price Sales Ratio)을 가리키는데 주가를 정당화하는 고육지책으로서 미국에서 고안되었다. 발상지인 미국에서조차 비싸도 100배 정도밖에 되지 않는다. 그렇다면 일본에서는 얼마나 비싸게 평가 받고 있다는 말인가. 조금 냉정해질 필요가 있다. 인간의, 아니 자본주의 사회의 추악함을 드러내고 있는 느낌이다. (미국 정부나 대부분의 투자 상담가는 미국 경제가 건전하다고 당당하게 주장하고 있지만) 자본주의의 본보기인 미국이 지금 거품 경제의 한가운데에 있다.

'오르니까 산다, 사니까 오른다.'라는 말에는 주가에 대한 모순된 논리가 있다. 머니게임†화되어 있는 시장은 언제나 건전해질까. 게다가 리스크가 증폭되는 신용 거래, 헤지펀드†에 이르러서는 완전히 게임이 되었다. 주식 투자가 마치 도박처럼 되어 가는 것도 모두 이러한 데에 기인한다. 하지만 좋든 싫든

† Market of the high-growth and emerging stocks: 도쿄 증권 거래소가 개설한 주식 시장으로 신흥 기업, 주로 벤처 기업들이 상장한다.

† 투자를 단지 돈을 벌기 위한 일로만 보지 않고 일종의 게임으로 파악한 데서 생겨난 말.

† hedge fund: 단기 이익을 목적으로 국제 시장에 투자하는 개인 모집 투자 신탁.

관계없이 자기 책임으로 재산을 운용하는 시대로 들어섰다. 만일 직접 주식에 투자한다면 단기간에 일희일비(一喜一悲)할 것이 아니라 장기간 보유하라고 하고 싶다.

여유 자금이 있다면 직접 주식에 투자하는 것은 경제나 산업계의 동향에 민감해지고 노화 방지에도 좋다. 기업 실적의 회복과 주식 수수료의 자유화, 그리고 인터넷 거래 등의 상황 변화로 인해 개인의 자금이 투자 신탁이나 직접 주식 투자 형태로 시장에 유입되기 시작했다. 주가는 경기의 변동에 앞서 움직이는 선행지표의 역할을 한다, 지금 산다면 저가주가 절호의 기회다! 넉넉히 사들여 주가 상승을 기다려라. 너무 욕심을 부려 깊이 빠지지는 말자. 현물 투자로 손해를 보지 않을 만큼만 투자를 해 보면 어떨까. (2000년 12월)

기업의 변혁

질 높은 기술을 투입한 제조가 요구된다!

기간 산업으로서 일본을 이끌어 온 대형 자동차 회사와 전기 제조 회사는 수익력이 떨어져 지금은 산하에 있는 기업들을 통솔할 힘을 잃어 가고 있다. 한편 기술력이 높은 부품 제조 회사는 계열을 넘어서 고객을 확보하고 글로벌화 과정에서 높은 수익을 올리고 있다. 생산성 향상을 추구하는 데만 주력하고 개발을 소홀히 한 기업은 어떨까. 대기업에 한해서 언급하자면, 기업명을 거론할 것도 없이 주가가 바로 그 기업의 체질을 반영하고 있다. 전자 부품 제조 업체 중에서도 바로 10여 년 전까지는 고수익을 올렸지만 신기술 개발에 뒤처져 결국 급격히 쇠퇴하고만 회사들이 있다.

지금까지 우리 연구소와 어떠한 형태로든 접촉이 있던 전자 부품 제조 업체는 꽤 있지만, 그중에서 현재까지도 계속 관계를 이어오고 있는 기업은 발전을 거듭하고 있다. 이들 기업은 당연히 개발에 적극적이며 연구를 지원하고 있다. 업계 전체가 힘든 시기에도 연구에 손을 늦춘 적이 없었다. 한 번 손을 늦추게 되면 연구에 관여하고 있는 기술자의 수준이 현저히 떨어진다. 또한 산업계를 이끌고 있는 기업들은 당연히 학회 활동에도 적극적으로 참가한다. 반면에, 학회 활동에 무관심하고 비협력적이며 수동적으로밖에 참가하지 않는 기업도 많다는 사실에 적잖이 놀랐다. 최고의 기업을 목표로 하는 경영자가 의외로 많은 듯하지만, 한때 아무리 잘나가던 기업이라 하더라도 수동적인 사고방식에서 벗어나지 못하고서는 영원히 지속되기를 바랄 수 없다.

제조업을 보면, 국제적인 통일 기준 중에서 일부를 제외하고는 어쩔 수 없이 그 조건에 부합하는 물건을 만들고 있다. 극히 첨단적인 분야에서는 약간의 시간차는 있지만 거의 같은 기술이 같은 속도로 발전해 간다. 따라서 같은 수준에서의 경쟁과 협조가 조화를 이루어 국제 수준에서의 학회 발표도 활발하다. 국제회의는 일부 연구자나 기술자에 맡긴다 해도 우리 업계에서도 어쨌든 관련 학회의 학술 강연 대회 정도는 의식 있는 기술자가 적극적으로 참가하고 발표하는 분위기를 조성해야 할 것이다.

산업 구조의 변화는 굉장히 뚜렷하다. 단순히 물건을 대량으로 만들어 내던 시대에서 질 높은 기술을 적용한 제조나 그 과정의 노하우를 제공하는 시대가 되었다. 기업의 규모보다는 질적 향상이 중요하므로 차근차근 기술자를 양성하여 질적으로 발전할 수 있도록 추진해야 한다. 앞으로 다가올 시대를 예측하고 연구에 힘을 쏟아온 기업은 크게 발전할 것이다. 그건 그렇다 치더라도 반짝하고 빛나는 실력 있는 기술자가 의외로 적은 이유는 무엇일까.

기술 환경의 정비는 어떻게 되어 있는가?!

생산에 직결되는 설비에 적극적으로 투자하는 일은 기업을 발전시키고 유지하기 위해서 당연히 필요하다. 하지만 연구 개발비에 관해서라면 이야기가 달라진다. 본 업계 중 연간 계획을 세울 때 제대로 예산을 짜는 회사가 과연 몇 개나 있을까. 지금까지는 기술 환경 같은 건 생각하지 않아도 어떻게든 유지해 왔다. 그래서 일부 기업을 제외하고는 기술과 연구 환경이 무척 열악했다.

이러한 상황은 표면 처리 가공 업계에만 해당되는 것이 아니라 급성장을 이룬 1부와 2부 상장 기업 중에도 눈에 띈다.

설비와 약품만 도입하면 사업이 잘되던 장치 산업형 생산은 점점 해외로 이전했다. 앞으로는 높은 기술력을 보유하지 못하면 완전히 시대에 뒤쳐져 상황이 점차 악화되고 말 것이다. 지금까지는 기술자라고 하면 마치 이것저것 도맡아 심부름해 주는 사람처럼, 그저 생산 공정을 개선하고 문제를 해결하는 사람이라는 인식이 있었다. 기술에 종사하는 사람은 누구나 개발과 연구를 원활하게 수행할 수 있는 환경이 갖추어지기를 바란다. 그러려면 우선 회사나 연구소 내에 최소한의 평가 도구를 보유해야 한다. 우리는 도금을 중심으로 하고 있기 때문에 전처리에서 후처리까지의 습식 분석에 필요한 비커, 프라스코†, 실린더, 피펫†, 뷰렛† 등이 매크로 분석 도구로서 꼭 필요하다. 하지만 이렇게 가장 기본적인 도구를 항상 완벽히 갖추어 놓고 있는 기업이 얼마나 될까. 게다가 이 도구들을 잘 다루는 기능자나 기술자가 얼마나 있을까. 기본적인 분석을 소홀히 한 채 기기 분석에만 의지하고 값비싼 기기만 사용하면 품질이 안정될 것이라고 생각한다면 큰 오산이다.

얼마 전에 서브 미크론(submicron)의 극히 미세한 배선을 도금하는 실험을 하는데, 조성이 조금 복잡한 도금액이 긴급하게 필요했다. 연구실 내에서 이 액체를 조제하는 것보다 실제 현장에서 사용되고 있는 액체를 가져오는 것이 불순물이 적어 좋은데, 정밀 여과까지 거치면 당초의 목적을 달성할 수 있었다. 당장 회사에서 도금액을 받아 실험을 실시했고 예상보다 양호한 결과를 얻게 되었기에 바로 논문을 투고할 준비에 착수했다. 아무리 기간이 짧다고 해도 논문을 내기까지는 몇 번이나 실험을 반복하고 결과를 음미했다. 그 후 조금 더 데이터를 얻을 필요가 있어 한 번 더 같은 도금액을 받아 실험을 진행했다. 그런데 학생이 바로 이렇게 보고를 하는 게 아닌가. "아무래도 이전에 사용했던 도금액과 다른 것 같습니다. 이번에는 제대로 되질 않아요."

바로 그 회사에 연락하여 액체의 상태에 관해 문의했다. 아니나 다를까, 평소에 실시되어 있어야 할 액체의 분석이 제대로 이루어져 있지 않았다. 도금을 할 때는 처리액을 정상 상태로 잘 보관하는 것이 가장 중요하고도 기본적인 사항이다. 프로세스 윈도†가 넓어서 최근에는 분석 빈도를 줄였던 것이다. 하지만 불량이 생기고 나서 허둥대야 소용없다. 평소에 꼭 해야 할 일을 제대로 해 두어야 한다.

공학자의 사고법

표면 처리 분야에서 필요한 분석기기로는 분광 광도계[†], 원자 흡광 분석기[†], 이온 크로마토그래피[†], 그리고 최근 위력을 발휘하고 있는 세관식 전기영동(細管式 電氣泳動) 장치[†] 등이 있다. 이 기기들은 일상의 분석 외에도 개발과 연구를 진행하는 데 필요하다. 이 분석 기기들을 도입하는 기업은 기술에 대한 필요성을 이해하고 앞으로도 업계를 이끄는 리더로서의 역할을 유지해 나갈 것이다.

경영자는 기존의 생각을 바꾸어 이익금의 일부를 연구 개발비로써 적극적으로 투자해야 한다. 성과가 바로 나타나지 않아서 그런지 지금까지는 중요하게 여기지 않은 것 같다. 또한 기기를 도입해도 지금까지 기술자가 단순한 심부름꾼에 지나지 않았기 때문에 그들 자신도 기기를 사용하지 않았을 뿐더러 기기를 활용하여 개발하는 방법에도 뛰어나지 못했다. 기껏 채용한 기술자가 앞서 말한 것처럼 판에 박힌 일이나 하고 잔심부름꾼 역할

[†] process window: 주조 영역 도형(molding area diagram)으로 용융 온도(melt temperature)와 유지 압력(holding pressure)에 따라 주조가 가능한 범위를 결정하는 창문 형태의 도형이다. 이 창문이 넓을수록 주조물이 튼튼해지고, 이 창문의 범위를 넘어서면 용액이 분출하거나 주조물이 꺼지듯 가라앉아 정상적인 주조가 불가능하다.

[†] Spectrophotometer: 빛의 세기를 파장별로 측정하는 장치.

[†] Atomic Absorption Spectrometer: 원자마다 흡수하는 빛의 파장이 다른 원리를 이용하여 금속이나 광물의 성분을 분석하는 기기.

[†] Ion Chromatography: 액체 시료 중의 음이온을 색층 분석법으로 정성 및 정량 분석하는 기기.

[†] Capillary Electrophoresis System: 콜로이드 용액 속에 전극을 넣고 전압을 가하면 콜로이드 입자가 어느 한쪽의 극으로 이동하는 전기영동 현상과 모세관 현상을 이용한 분석 장치.

밖에 하지 못한다. 더욱이 기술자 자신이 이 사실을 저항 없이 받아들이며, 나이가 들면 들수록 감각도 둔해지고 새로운 일에 열정적으로 도전하려는 의욕도 희미해진다. 기술자가 진정한 의미의 기술자로 다시 태어났으면 좋겠다. 일상적인 분석 업무나 연구 개발에 모두 사용할 수 있게 범용성 있는 장비를 준비하는 것이 쉽지는 않겠지만 여태껏 설비 투자에 적극적이었던 것과 마찬가지로 연구 투자에도 앞으로는 힘을 쏟아야 한다.

플라스틱 도금에 관련한 심도 깊은 실장 기술

IC(Integrated Circuit, 집적 회로)는 처리 속도가 점차 고속화되므로 반도체를 내장한 패키지에서 배선판으로 접속하는 핀 수를 늘리지 않을 수 없다. 현재 ASIC(Application Specific IC, 특정 용도용 집적 회로)는 1000부터 2000핀이 주류를 이루고 있다. 로드맵에 의하면 2년 후에는 4000에서 5000핀이 될 것으로 예측하고 있다. 핀 수가 늘어나는데도 같은 크기의 패키지를 만들려면 당연히 핀의 간격을 좁혀야만 한다. 1000핀 이상이 되면 핀에서 나오는 도선을 한 장의 프린트판 패키지에서는 배선할 수 없다. 그래서 배선층과 절연층을 몇 층씩 쌓아 올린 것이 바로 빌드업 다층 패키지다. 이 패키지를 만드는 데 플라스틱 도금 기술(예를 들어 밀착 형성을 위한 에칭, 촉매화, 무전해 도금, 전기 도금, 층간 전도(interlayer conduction)를

위한 도금 공정, 패턴 형성을 위한 도금 공　　† via hole: 층간 회로를
정 등)이 사용된다.　　　　　　　　　　　　　　　접속할 수 있는 구멍.

　심지어는 플라스틱 패키지를 제작할 때 관건이 되는 공정
으로, 절연층을 사이에 두고 배선층끼리 접속을 하기 위한 전
도로(conductive path)의 형성이 있다. 전도로를 형성하는 방
법으로는 감광성 재료를 절연 재료에 섞어 절연층을 형성한 후
에 노광, 현상하는 사진법이 일반적이었다. 하지만 배선밀도
의 증대에 따라 전도로의 직경을 줄여야만 했다. 현재는 아직도
100미크론 정도가 주류지만 4000핀에서는 직경이 10미크론
정도가 되어 당연히 배선폭도 10미크론 정도가 된다. 이렇게
되면 사진법으로는 한계가 있어 레이저로 비어홀†을 형성하는
방법이 주로 쓰인다.

　레이저법이 주류가 아니었던 4~5년 전에 어떤 제조 회사
의 최고 기술자가 연구실을 방문하여 사진법과 레이저법 중 어
느 쪽이 좋은지를 물었다. 나는 주저하지 않고 레이저가 좋다고
하면서 레이저법으로 하게 되면 재료에 제한이 없기 때문에, 재
료에 어떻게 도금을 하면 좋을지만 생각하면 된다고 내 의견을
전했다. 그 기술자는 내 눈앞에서 손뼉을 탁 쳤다. 당시는 주로
사진법을 쓰던 때라 그는 어느 방법을 써야할지 꽤 고민했던 모
양이다. 나는 그저 그를 살짝 부추겼을 뿐인데 현재 그 기업은
외판도 적극적으로 실행하면서 사업부 자체가 크게 성장했다.

레이저법으로 결정했다면 아마 그 다음 쟁점으로는, 레이저법에서 탄산가스를 사용할 것인지 대표적인 고체 레이저인 YAG 레이저(Yttrium Aluminum Garnet laser)를 사용할 것인지를 고민하게 될 것이다. 현재는 주로 탄산가스를 사용하지만 이 또한 나의 경험으로 미루어볼 때 결국은 YAG 레이저가 주로 쓰이게 될 것으로 예측한다. 그 근거는 비어 직경이 30미크론까지 작아지면 구멍 안에 잔류하는 수지가 문제가 된다는 데 있다. YAG 레이저를 사용하면 쇼트에 따라 플라스마[†] 상태가 되어 수지를 완전히 제거할 수 있다. 현재는 비용이 비싸서 그다지 많이 보급되지 않았지만 로드맵을 보아도 머지않아 YAG 레이저가 주를 이룰 것이다. 이들 패키지나 그에 관한 프린트 기판의 제조에 앞으로는 점점 더 도금 기술이 중요해진다. (2000년 1월)

트렌드를 읽어 리스크를 회피하라!

정보 통신 단독 승리

최근 수개월 간 주가를 보고 있으면 알 수 있듯이 건축, 종이 펄프, 섬유, 화학, 전선, 시멘트, 철강, 조선, 자동차, 상사, 전력 가스, 운송 등 거의 모든 영역에서 11월에 최저치를 기록한 종목들이 속출했다. 또한 대형주이면서 100만 엔 이하의 종목도 많다. 그중에서 NTT 3사[†]를 비롯하여 소니나 그 밖의 정보 통신 관련 기업이, 그리고 장외 시장에서는 소프트 관련 종목이 새롭게 최고치를 경신했다. 마치 한때는 부

† 초고온에서 음전하를 가진 전자와 양전하를 띤 이온으로 분리된 기체 상태.
† 동일본 전신 전화, 서일본 전신 전화, NTT 커뮤니케이션스를 말한다.
† day trader: 선물 시장 시장 메이커 중의 하나로 자기의 계산으로 당일 거래를 행하는 자.

정한 투기 매매 양상까지 보였다. 최근의 투자 신탁은 이들 관련 종목을 대상으로 구성된 것이 압도적으로 많다. 또한 10월부터 인터넷 거래가 시작되었다. 일본에서는 인터넷 거래가 미국처럼 보급되지는 않을 거라고 생각했지만, 어쩐지 꼭 그렇지만도 않을 것 같다. 자신이 주문을 내고 불과 몇십 초 사이에 거래가 성립되는 것을 눈으로 보고 있으면 그 포로가 되고 마는 것은 아닐까 하여 장래가 두려운 느낌이 든다.

몇 개월 전, 미국에서 데이 트레이더[†]가 살인 사건을 일으킨 뉴스가 보도되었다. 일반인이라도 매우 손쉽게 자신의 판단으로 거래가 성립된다. 눈 깜짝할 사이다. 특히 최근에는 예금 금리가 굉장히 낮아서 투자에 문외한인 사람이 주식에 깊이 빠지면 큰일이 아닌가 싶어 걱정이다. 악마의 손길은 어디에서든 뻗쳐오기 때문에 자제심을 잃고 파멸하고 말 것이다. 그 후, 이제 곧 경기가 바닥을 칠 것이라든가 설비 투자가 약간 활기를 띠고 있다고 해서 11월 하순에는 닛케이 평균이 최고치를 기록

했다. 주가 동향은 지금까지보다 심하게 요동칠 것으로 예상된다. 독자 중에는 투자 경험이 풍부한 사람도 많겠지만 장기적인 전망으로 내다보는 투자가 가장 좋은 방책이다.

휴대 기기의 매출

경기 회복의 움직임이 둔한 가운데 혼자 기염을 토하고 있는 종목이 통신 분야다. 특히 휴대 전화는 인터넷의 확산과 함께 엄청난 기세로 계속해서 보급되고 있다. 과거 3년간을 돌아보면 약 천만 대씩 증가하여 현재 가입자는 5천만 명에 가깝다. 휴대 전화의 1개월 평균 사용량을 1인당 평균 1만 엔으로 치면 한 대당 연간 12만 엔, 즉 매년 1조 2천억 엔 정도의 신규 시장이 생성되는 셈이다. 이동 전화 전체 시장은 현재 약 6조 엔 규모다. 1992년에는 5천억 엔 정도였으나 그동안 불황에도 불구하고 급격히 시장이 확대되어 왔다. 앞으로의 성장은 어떻게 될까. 이제 거의 포화 상태가 되지 않았을까. 아니, 그렇지는 않을 것이다. 최근 신문 광고나 젊은 층이 구독하는 정보지에도 나오듯이 음성 통신 이외의 용도가 기대되고 있다.

현재 i 모드라고 부르며, 휴대 전화에서 인터넷으로 접속할 수 있는 서비스가 화제로 떠오르고 있다. 이미 400만 대 이상의 가입이 예약되어 있다. 앞으로 몇 년 후에는 더욱이 동영상이나 그 밖의 정보 처리 기능을 갖춘 휴대 단말기가 시장에 나타날

공학자의 사고법

것이 분명하다. 이 영역에서는 일본보다도 스웨덴이나 핀란드가 앞서 나가고 있다.

† 액체 수소를 연료로 한 2단 연소 방식 로켓.

올해 9월 중순에 북미의 기업과 대학, 그리고 연구 기관을 방문했는데 특히 노키아와 에릭슨의 세계 전략은 대단했다. 이들이 노리는 일본 시장만 해도 2005년에는 10조 엔을 넘을 것이라는 예측이 나오고 있다. 장기적으로는 휴대 전화 외에 무선 내장 컴퓨터와 자동차 전화를 포함하여 1인 3대 보유, 그 외 칩 모양으로 노인의 배회 방지, 미아 방지, 그 밖의 예측조차 힘든 용도가 새로 나타날 것이다. 따라서 이 영역의 도금을 비롯한 표면 처리는 절대로 놓칠 수 없다. 일은 앞으로 점점 더 늘어난다. 하지만 고도의 기술이 요구되는 분야이므로 점차 기술 격차가 확연히 드러날 것이다.

기술의 전승

일본 첨단 기술의 운명을 건 우주 사업단인 H2형 로켓† 발사가 실패로 끝났다. 지난번의 실패에 이은 연속 실패다. 이는 일본 첨단 기술에 대한 전 세계의 신용 실추로 이어져 과학 기술청을 비롯하여 핵심 기술을 담당한 기업은 체면이 말이 아니다. 그 후 11월 중순, 원인 규명을 밝힌 뉴스에 따르면 4회에 걸친 시험 운전 시에 한 번 수소 누출 가능성이 있었다고 한다. 위험이 예측되었는데도 원인을 확실히 규명하지 않은 채 그대로 진행했다는 말인가. 더구나 허술하게도 발사 실패가 확인된 시점에서 위험을 방지하고자 폭파 지령을 내렸는데도 로켓의 제1단은 폭파되지 않은 모양이다. 아이러니하게도 그것을 회수해서 원인 규명을 실시했다고 한다.

이제 일본 우주 개발 사업의 명예 회복은 도저히 기대할 수 없는 것일까. 왜 수소 누출의 위험이 있었는데도 철저히 조사하고 규명하지 않았을까. 로켓 발사에서 이와 똑같은 실수는 나사(NASA)에서도 1986년에 경험한 바 있다. 한참 전의 일이지만 파인만 박사가 '오링(o-ring)이 원인이었다.'고 지적한 사건이다. 우주 센터에서는 다음날 아침의 발사에 대비하여 초읽기에 들어갔다. 고체 연료 덩어리인 부스터 로켓의 책임을 담당한 기업의 최고 기술자가 나사와의 텔레비전 회의에서 '저온에서 오링의 누출 방지력에 문제가 있다.'며 발사 중지를 요청했다. 오링은 부스터 로켓의 실(seal) 기구의 부품이며 저온에서 탄성을 잃으면 누출 방지력이 저하된다. 그 결과, 고열 가스가 누출되어 폭발의 직접적인 원인이 되는 것이다. 기술적인 증거는 불충분했다고 하지만 온도와 탄성 사이에 상관 관계가 있다는 사실은 기술자라면 누구나 예측할 수 있다.

당시까지의 과거 누출은 섭씨 12도에서 발생했다고 한다. 발사 당일은 영하 3.3도, 오링 주변 온도는 영하 1.7도 정도로 추정된다. 이는 과거에 발사된, 어떤 경우보다도 극단적으로 낮

공학자의 사고법

은 온도다. 문제가 일어날 가능성이 높지만 결정적인 증거는 아니다. 나사는 비행을 예정대로 성공시키고 싶었고, 또한 계약을 맺고 있는 기업은 앞으로도 새로운 계약을 획득하고 싶었다. 당일, 최고 경영자가 그 기술자 집단의 수장에게 이렇게 말했다. "기술자의 모자를 벗고 경영자의 모자를 쓰게나!" 발사 중지 요청은 무시되었고 로켓은 발사 후 73초 만에 폭발하여 우주비행사 여섯 명과 고교 교사 한 명의 목숨을 앗아가는 결과를 낳았다. 이번의 폭발 사고의 원인은 그와 다르긴 하지만 배경에는 같은 문제가 있었던 것이 아닐까. 이는 기술의 전승과 과학 기술자 및 경영자의 논리관의 문제다.

올해 발생한 이 밖의 다른 사고로 도카이(東海) 촌 임계 사고, 탱크로리 폭발 사고, 신칸센 콘크리트 붕괴 사고, 고속 도로에서의 표지 사고 등을 들 수 있다. 도카이 촌 사고는 기술 전승을 운운하기 이전의 문제로 어처구니없어 말도 나오지 않는다. 아니, 실제로는 방사성 물질이 아닌 위험한 물질을 취급하고 있는 영역에서 위험 물질이 별 자각 없이 함부로 취급되고 있는 예는 이루 다 셀 수가 없을 정도다. 소위 3D 업종이나, 외국인 노동자와 시간제 근무자가 그러한 사고에 노출되어 있는 예는 어느 회사에나 있는 것은 아닐까. 사고가 발생하기 전에 개선이 필요한 점은 최대한 빨리 개선해야 한다. 신문에는 그다지 크게 보도되지 않았지만 어느 대기업에서 진작부터 직원이 위험 요소의 개선을 경영자에게 요구했다. 경영자는 직원의 요구를 받아들이지 않았고 결국 최근에 그 위험 요소로 인해 대폭발 사고가 일어났다. 불행 중 다행이라고 할까, 때마침 현장에는 작업하던 사람이 없었기 때문에 인명 피해는 나지 않았고 화재 사고만으로 처리되었다. 경영자들은 이 사건을 타산지석으로 삼아 사고 방지에 대한 인식을 바로 해야 할 것이다. 큰 사고가 터진 후에는 이미 돌이킬 수 없다.

탱크로리 폭발 사고는 화학을 조금 아는 사람이라면 금세 원인을 알 수 있다. 사고 후 조간 신문에는 '어떤 원인'이라고 쓰여 있었다. 신문기자가 조심성 있는 사람이었을까, 아니면 화학을 잘 몰랐던 것일까. 우리는 사고의 원인이 금속의 촉매반응이라는 것을 바로 알았다. 안전 공학이라는 과목도 있지만 사례를 듣기만 할 것이 아니라 실제로 여러 가지 실험을 하는 과정에서 화학 약품의 안전한 취급 방법을 완전히 숙지해야만 한다. 자칫 요즘 기술자들은 머리로만 생각하고 현상을 제대로 파악하지 못하는 탓에 큰 사고로 이어지는 원인이 되고 있다.

신칸센의 콘크리트 붕괴는 고도 성장기에 생긴 근본적인 원인이 현재에 와서 표면화된 것이며 앞으로는 더욱 많은 문제가 드러날 것이다. 도로 표지의 이음새가 부러져 일반 도로로 떨어진 사건은 원인이 단순히 이음새의 부식에 있다고 전문가가 서술한 듯하지만, 아마도 일본에는 그러한 연구를 하고 있는 기술자가 없을지도 모른다. 10여 년 전, 영국 버밍엄 대학교에서 박사 학위를 취득한 기술자가 나의 연구실에 3개월 정도 체재한 적이 있었는데 그때 그가 찰과 부식[†]에 관해 이야기

를 해 주었다. 내가 통역해서 다른 연구원들에게 전해 주었지만 당시 관심을 가진 사람은 많지 않았던 것으로 기억한다. 나 자신은 통역을 했기 때문에 내용을 잘 알고 있었다. 그때의 이야기가 아까 말한 고속 도로 표지판 사고와 관계가 있다. 찰과 부식은 연속적인 미세 진동이 발생하는 장소에서 연속적인 스트레스가 걸려 부식이 가속된다. 이른바 응력 부식[†]과 관련되어 있다. (1999년 12월)

제조업의 체질은 변화할까?

산업 전략을 바로 고칠 필요가 있다

일본의 산업은 국제 경쟁력이 높은 고급 제품을 저가격으로 제공함으로써 살아남아 왔다. 과연 일본의 경제를 영원히 지속시키기 위해 전략적으로 시인해야 하는 것일까. 오부치 게이조(小渕恵三, 1937-2000) 총리가 국회에서 20세기를 총괄하고, 또

한 다가올 21세기를 향해 아시아를 대표하는 책임 있는 국가로서 영속적인 성장의 중요성을 호소했다. 과연 글로벌화된 국제 경제에서 기존과 같은 이러한 사고로 괜찮은 걸까.

일본은 1990년대에 들어선 이후 수출입 모두 거의 변동 없는 상태에서, 지나치게 큰 생산 능력으로 당당하게 엄청난 국제 수지 흑자를 내고 있다. 하지만 이는 어디까지나 수치상의 기록일 뿐, 과연 국민 전체가 풍족해진 것은 절대 아니다. 오히려 구조 조정을 비롯한 고용 불안, 일반 샐러리맨에서 공무원에 이르기까지 급여의 감액, 상여금 삭감에 대한 이야기가 거론되고 있다. 국제 수지의 흑자라는 수치는 무엇을 의미할까. 지금 상황에서는 당분간 소비 확대나 고용 확대를 바랄 수 없을 것이다. 따라서 현재 상태를 유지하기 위해 아이러니하게도 고급이면서도 채산성이 낮은 제품을 척척 만들어 해외 시장에 계속 헐값으로 판매해도 좋은 것일까.

현재는 미국 경기가 그 물량을 수용하고 있지만 만일 미국 경제의 방향이 잘못되기라도 해서 거품 붕괴 현상이 일어난다면 일본 경제는 잠시도 버티지 못할 것이다. 미국 CNN 방송이었는지, ABC 방송이었는지 정확히 기억나지 않지만, 미국 클린턴 대통령의 경제 보고 중에서 경제 주요국의 국제 수지 흑자폭과 GNP(국민 총생산) 및 고용 성장률 사이에는 역상관 관계가 있다고 했다. 국제 수지 흑자가 큰 일본은 총수요 및 고용 창출이 낮다는 뜻이 된다. 일본은 1980년대 중반경부터 저렴한 가격으로 고품질의 제품을 만드는 데 힘써 왔다.

유일한 기술로 서로 협력하라

미국은 일본과 경쟁하지 않는 정보 분야나 바이오를 비롯한 최첨단 분야에 주력했다. 이러한 노력이 지금 분명 미국에서 성과를 나타내고 있다. 일본은 전자 제품의 하드웨어를 저렴하게 만드는 데 주력하고 있으며 지혜와 지식의 집합체, 이른바 심장부인 정보의 소프트 분야를 비롯한 대부분의 최첨단 분야는 미국의 손바닥 안에 있다. 앞으로 일본의 제조업은 어떻게 되어야 할까. 양에서 질로 전환해야 한다는 말은 오래전부터 나오고 있는데, 정부는 기존 산업을 계속 보호하면서 신규 산업을 창생하기 위한 규제 완화와 세금 우대 조치를 강구하면서 활력 있는 발전을 목표로 하고 있다.

다 아는 말이겠지만 자본주의 경제에 있어서 기업은 수익을 올리려는 노력을 항상 게을리 해서는 안 된다. 일본의 자기자본 이익률(ROE, return on equity)은 참담할 정도로, 경영자가 질적으로 높은 이익을 추구할 책임을 짊어지고 있다. 하지만 전체적으로 이만큼 침체된 상황에서 급격히 회복하기는 불가능하다. 기존의 설비 중에서 살릴 수 있는 것은 살리면서 새로운 고부가 가치 제품을 만들기 위한 기술 수준의 향상이 가장 중요하다. 단순히 설비를 도입하면 일이 쉽게 진행되는, 기술 수준이 낮은 영역에서는 전력으로 단기간에 투자금을 회수할 수 있는 체제를 구축해야 한다. 과감히 설비를 도입했지만 투자금을 회수하기도 전에 설비의 가치가 떨어진다거나 그 사업이 동남아시아 각국으로 이전되는 경우를 많이 보아 왔다. 그러므로 앞으로는 양적인 제조만을 추구할 것이 아니라 유연성 있는 신규 설비를 도입하고 고도의 기술이 뒷받침된 제조를 목표로 해야 한다.

'유일하다'는 말을 그다지 좋아하지는 않지만 항상 높은 기술력을 갖추기 위한 준비를 게을리 하지 않도록 기술자가 더욱 기술자답게 활약할 수 있는 환경과 분위기를 정비해야만 한다. 표면 처리 업계에서 기술자가 어느 정도 활약하고 있는지를 살펴보면, 아직 멀었다. 대학에서는 연구를 통해 감각을 연마하게 하여 "앞으로 기대할 거야!" 하고 업계로 내보내지만 문제를 해결하는 심부름꾼 역할에 머물러 서서히 기술력이 저하되어 가는 졸업생이 많다는 사실은 유감스럽기만 하다.

'하이테크(high-tech) 도금 기술이 없으면 로우테크(low-tech)!', 매력 있는 신규 기술이 흔하게 널려 있는데도 이 씨앗을 제대로 키울 자세가 되어 있지 않다는 사실이 정말 분하다. 몇 개월 전에 잠깐 언급했지만 기업 내에서 신규 기술의 핵을 만들어 내기가 어렵다면 반드시 우리 대학과 협동하여 표

공학자의 사고법

면 처리 특유의 매력 있는 기술을 확립할 태세를 구축하면 좋지 않을까. 'Only one'을 추구하는 독단적인 기업이 되기보다는 'Only for the technology oriented group' 즉, 기술을 가장 우선시 하는 그룹이 되는 것이 어떨까.

앞으로는 컴퓨터를 통해 세계의 최신 정보를 순식간에 입수할 수 있다. 고수익과 고부가 가치를 창출하는 산업 구조의 구축, 더욱이 벤처 산업을 시작할 수 있는 환경을 정비해야만 한다. 일본은 젊은 기술자가 벤처 사업을 추진할 수 있는 환경이 갖추어져 있지 않다. 아무리 정부를 비롯한 지식인이 제안해도 공전(空轉)을 거듭할 뿐이다. 역사적으로 기술은 모두 서유럽 여러 나라를 모방하는 데서 시작되고 있으며, 단일 민족으로 협동의식이 높고 윗사람에게 순종하는 습성이 있다. 또한 조직의 상부에서 하부로 방침이나 명령이 전달되는 톱다운 시스템 하에서 도전 정신이 부족하고 남과 차별화된 일 하기를 기피하는 경향이 있어, 이러한 요소를 봐서는 앞으로도 벤처 정신은 좀처럼 성장하지 못할 것이다.

최근 가까스로 몇몇 대학에서 벤처 산업에 관한 강좌가 개설되었다. 벤처 기업의 성공 사례와 비즈니스 전개 방법을 가르치고 있는데 이 역시도 미국을 모방한 것이다. 오히려 새로운 연구 개발의 촉진 방법이나 연구법을 가르쳐야 한다. 이 점은 일부 대학교수를 제외하고는 그야말로 일본인의 약점이다. 그렇기에 벤처 산업이 뿌리내리는 데는 상당한 세월이 걸릴 것이다. 장기적인 계획을 세워서 조급해 하지 말고 착실하게 기반을 다져야 한다. (1999년 11월)

현장 발상에 따른
'일본의 산학 협동'

제 4 장

앞으로의 대학 연구에 기대를 걸고

2004년 국립 대학의 독립 법인화가 실시되었다. 또한 국립, 공립, 사립을 막론하고 대부분의 대학에서 앞으로 저출산 사회에서 살아남기 위한 매력적인 대학 만들기가 추진되고 있다. 우리 간토가쿠인 대학도 마찬가지다. 이제 몇 년 이내에 몇몇 대학에서는 지원자 수가 정원을 밑돌아, 그로 인해 경영할 수 없어 폐교하는 일까지 생길 것으로 예상되기 때문에 현재 대학 측은 속도를 높여 과감히 개혁에 열을 올리고 있다. 나는 간토가쿠인 대학의 장래를 생각해서, 졸업생의 대부분이 표면 공학 관련 영역에서 활약하고 있다는 사실을 떠올리고는 대학 내에 연구소를 설립해야겠다고 마음먹고 행동에 옮기기 시작했다. 이것이 '표면 공학 연구소' 탄생을 향한 최초의 한 발짝이었다. 그리고 지금부터 30여 년 전에 대학의 사업부에서 독립하여 주식회사가 된, 간토카세이(関東化成)의 구내에 분실을 만드는 일부터 승인을 받았다. 현재 표면 공학에 관한 연구는 간토가쿠인 대학의 자랑거리이며 국내외에서 높이 평가 받고 있다.

정부가 '앞으로는 산학 협동이 필수적이다.' 하고 강조하기 시작한 지 10년이 되었다. 이후 대학의 기술 연구 성과를 민간 기업에 이전하는 일을 목적으로 한 기술 이전 사업이 진행되었다. 이렇게 산학 협동의 환경이 정비되면 로열티가 연구자 개인이나 연구실의 새로운 연구 자금으로 환원되기도 하고 연구 성과의 사업화와 벤처 기업의 창출을 기대할 수 있다. '산학 협동'에 대한 요구가 일어나기 이전에, 기업은 독자적으로 발전하여 대학과는 거의 협조 체제를 맺지 않았다. 대부분의 대학은 기술적인 발명에 대해 특허를 출원할 때는 공동 연구한 기업이 출원 비용을 대신 지불하는 형태로 특허를 취득하고 있었다. 대부분 대학의 연구자들은 발명에 관련된 연구보다도 기초적이고 학술적인 연구를 중심으로 해 왔기 때문에 특허에 대한 관심이 희박했다. 하지만 현재는 대학의 기술적 발명이 산업계에서 실용화될 수 있다. 대단한 발전이다. 최근에는 '논문보다 특허'라는 슬로건을 내걸고 있다. 대학은 이제 사회에 공헌할 수 있는 시대가 되었다. 이렇게 환경이 갖추어지면 발명으로 이어지는 연구도 많이 실시될 것이다. 다만, 산학 협동을 추진하면서도 지금까지 대학이 실시해 온 기초적이고 학술적인 연구 또한 잊지 말고 지속해 나가야 한다.

산학 연계를 향하여

일본의 연구 성과가 낮게 평가 받는 이유

일본 학술회의는 과학 기술 정책에 관한 제언으로, 대학에서 창출된 과학 연구에 대해 미국이나 유럽과 비교해서 일본의 연구 효율의 단점을 지적했다. 이 조사는 과학 기술 기본 계획 (2001~2005년)의 중점 분야로서 지정된 생명 과학, 정보 통신, 환경, 나노 테크놀로지·재료의 네 분야에 관한 2002년도의 데이터에 기초를 두고 있다. 연구 성과는 논문의 출판 수, 인용 회수, 특허 출원 건수 등을 근거로 평가하고 있는데, 그에 따르면 미국은 일본의 약 2배가 되는 자금으로 일본의 3~4배의 성과를 얻고 있으며 유럽 각국에서는 일본의 20~40퍼센트의 자금 도입으로 80퍼센트 정도의 성과를 끌어내고 있다고 한다.

또한 작년에 영국 과학지 『네이처(Nature)』†에 게재된 분석에서도 선진 7개국 중에서 영국은 투입 예산이 적은 데 비해 성과가 크고, 일본은 투입 예산이 많은 데 비해 성과는 최하위로 평가되었다. 하지만 일본은 이 기본 계획을 이제 막 시작한 참이라 5개년 계획의 최종년도, 혹은 종료 후의 평가라면 아마다른 결과를 얻었을 테지만 지난 번 발표는 2002년도에 조사한 중간적인 데이터에 근거하고 있기 때문에 가혹한 평가였다.

지금까지 대부분의 경우, 기업은 독자적으로 개발하고 대

학과의 연계는 희박했다는 사실을 부
인할 수 없다. 게다가 일부 대학을 제
외하면 기업은 대학의 연구를 크게 평

† 1896년 영국 천문학자 로키어
(Joseph Norman Lockyer)가
창간한 주간 기초과학
종합학술지.

가하지 않았다. 하지만 최근 십여 년 사이에 기업의 체력은 크
게 소모되었고, 독자적인 개발보다는 21세기형의 개발에는 산
학 연계가 필수불가결하다는 목소리가 높아져 정부도 적극적으
로 움직이기 시작한 것이다. 이제까지 대부분의 대학에서는 기
술적인 발명에 대해서 특허를 출원할 때 공동 연구를 한 기업이
출원 비용을 대신 지불하는 형태로 취득하는 경우가 자주 있었
다. 또한 많은 대학의 연구자는 발명을 위한 응용 연구를 하기
보다는 기초적이고 학술적인 연구에 주력해 왔다. 따라서 많은
대학의 연구자는 산학 연계나 특허에 관해 별반 관심을 표명하
지 않았던 것이다. 예전부터 특허에 관한 나의 생각이나, 지금
까지의 특허 취득 방법에 관해서도 소개해 왔지만 대학에 특허
를 평가하는 체계가 없었기 때문에 기업이 대신 지불해 주는 방
법을 취하지 않을 수 없었던 것이다.

간토가쿠인 대학의 산학 협동에 관한 우여곡절

이렇듯 대학에서는 지적 재산에 관한 사고방식이 극히 희박했
다. 그런데 산학 연계의 요청이 갑자기 늘어나 대학에서 연구
한 기술을 산업계에서 실용화를 위해 쏠모 있게 사용하는 시대

가 되었다. 간토가쿠인 대학은 50년쯤 전부터 일본의 표면 처리 산업을 강력히 이끌어 온, 이른바 산학 협동의 근간이다. 하지만 당시는 미국을 따라가고 추월하려는 시대였으며 특허로 지적 재산을 지키거나 또는 적극적으로 수입과 연결시키는 형태라기보다는 모든 기술을 공적으로 활용하고 산업계의 발전에 공헌하기 위해 노력해 왔다.

대학은 교훈(校訓)이기도 한 '인간이 돼라, 봉사하라.'는 정신에 입각하여 산업계에 봉사하고 공헌해 왔다. 대학으로서는 이상적인 접근이었지만 그에 반해 1970년 전공투 세대†의 학생들은 내용을 제대로 이해도 하지 못한 채 산학 협동 노선 분쇄를 주장했다. 그러한 전국적인 학원 분쟁의 흐름 속에서 대학은 스스로 대주주가 되어 간토카세이를 설립하고 사업부를 독립시켰다. 나카무라 교수는 당시, 표면 처리 관련의 산업계에 크게 공헌하였으므로 이대로는 대학에 남아 있은들 더 이상 아무것도 할 수 없다고 판단하여 40세에 대학을 그만두게 되었던 것이다. 시대에 앞장서 산학 협동의 이상적인 모습을 추구하던 본 대학에게는 참으로 불행한 시대 배경이었다.

도쿄 대학 투쟁을 정점으로 전국적으로 학원 분쟁이 확산된 후로는 산학 연계를 적극적으로 추진하는 교수는 거의 없어지고, 나 자신 또한 상당히 무시당했다. 그래서 나카무라 교수에게 "자네는 남게나!" 하는 말을 듣고 대학에 남은 이후에는

결코 쉬운 연구 환경이 아니었지만 개
발과 기술의 내용에 관해서는 항상 공
정하고 중립적인 태도를 유지하며, 특

† 1965년부터 1972년까지의
전공투 운동·안보 투쟁과
베트남 전쟁의 시기에 대학
시절을 보낸 세대.

히 될 수 있는 한 산업계 전체에 공헌할 수 있는 일을 의식해 왔
다. 대부분의 대학에서 산학 연계는 부정당했으며, 적극적으로
추진하는 분위기는 그 후 20년 이상이나 끊어졌다. 따라서 몇
년 전부터 산학 연계가 다시금 거론되어도 그 자리에서 대응할
수 있는 교수는 그다지 많지 않았다. 이렇게 180도 달라진 환경
속에서 지적 재산에 대한 의식에도 온도 차가 있어 '논문보다
특허'라는 슬로건이 나온 데 대해 반발하는 연구자가 많은 것은
당연한 현상일 것이다. 하지만 대학의 지적 재산 전략을 비롯한
산학 연계는 시대의 흐름이며 교수들은 정보와 기술이 인터넷
을 통해서 세계 속으로 한순간에 퍼져 나가게 된 상황을 이해해
야 한다.

산학 연계에 의한 사회 공헌

산업 기술은 크게 변모해 왔다. IT 혁명에 따라 생산 효율이 오
르고, 품질의 차이가 없어졌다. 일본의 산업 기술은 당연히 고
도의 전문성 높은 기술로 바뀌어 왔다. 따라서 대학의 연구도
산업계로 다가가게 되었고, 대학의 사회 공헌이라 할 수 있는
산학 연계가 강하게 주장되어 왔다. 산업계에서 보아도 대학 연

구실은 국가의 연구 투자나 그 밖의 자금으로 지탱되고 있는 연구 현장이므로, 기초 연구의 성과를 응용하여 실용화로 연결하려는 노력이 필요해졌다. 물론 대학 연구실은 학원 분쟁 시대부터 말해 왔듯이 기업의 하청업체가 아니다. 위탁 연구를 계약할 때 대학의 연구 성과를 모두 자사의 것으로 하는 조건을 제시하는 기업이 압도적으로 많았지만, 그에 대해서는 당당하게 대학과 학생의 입장을 주장하고 이해할 것을 요구해 왔다.

기업이 위탁하는 연구 주제에 학문적인 연구 가치가 없으면 대학의 연구자는 매력을 느끼지 못하므로 산학 연계는 힘들어진다. 또한 시대의 흐름 속에서 대학에 지적 재산 관리 본부가 설립되어 특허 출원 건수나 벤처 창업의 수치 목표를 세우는 곳도 있기 때문에 어느 정도의 인센티브는 있겠지만, 일부 연구자를 제외하면 좀처럼 대응할 수 없는 것은 아닐까. 가령, 우리 대학에서는 특허 출원 건수가 지금까지 몇 건 정도 있었을까. 대학에 공헌하는 일이라는 사실을 의식한 것은 몇 건 안 될지도 모른다. 30여 년 전으로 거슬러 올라가면 대학을 위해서 조금은 도움이 되겠지 하고 몇 개의 특허에 기업과 대학교명을 넣어 공동 출원하려고 사무 수속을 밟았지만, 대학 사무국으로부터 이런 번거로운 일은 알아서 하라는 말을 들었다. 그 이후로 몇 건의 특허는 위탁, 협력해 주는 기업과 개인의 이름으로 특허를 신청하는 수밖에 없었다. 그래도 나중에 위탁 받은 몇 개 공동

공학자의 사고법

연구의 성과는 대학과 기업의 공동 특허로 신청했다. 어쩌면 내가 관련한 특허 몇 건만이 대학과의 공동 특허로 되어 있을지도 모른다. 최근 타 학과에서 국가의 자금 지원을 받고 있기 때문에 적극적으로 특허를 낼 필요가 있어 대학 사무국과 이야기를 추진하고 있다고 들었는데, 아직도 대학으로서의 체계가 완전히 정비되어 있지 않은 듯하다.

　3년 전에 연구소를 설립했기 때문에 지금까지 개인 명의로 취득해 온 특허는 모두 연구소로 명의를 변경했다. 특허는 건수만으로는 의미가 없다. 특허는 세상에 얼마나 공헌할 수 있느냐가 중요하다. 만일 전혀 사용되지 못한다면 대학에서 창출한 기술을 사회에 환원할 수 없다. 대학의 특허 출원이 실용화하기에 적당하지 않은 '쓸모없는 돌멩이'가 되지 않도록 노력해야 한다. 최근 '논문보다 특허'라는 슬로건을 내세우는 동시에 지금까지는 어느 대학이든 연구자들이 거의 특허를 의식하고 않고 있었다는 기사가 나오고 있지만 이는 거짓이다. 실제로 활약하고 있는 교수들은 기업과 연대가 강하고 특허 진행 과정을 충분히 이해하고 있다. 그 교수들을 의식해서 다양한 기사가 언급되는 것이 아니라 오히려 지금까지 특허에는 전혀 관심을 보이지 않던 교수들의 연구에 대한 자세를 시정하기 위해 경제 관련 신문이나 잡지에 그러한 내용을 싣고 있는 것이다. 공학 관련의 대학 연구자와 교수들에게 특허의 대상이 될 만한 논문을 쓰도록 하려는 의도이다. 다만 논문으로 먼저 발표한 경우 일본 국내에서는 특허를 출원해도 괜찮지만 해외에서는 특허를 얻을 수 없다.

벌써 10년쯤 전 일인데, 전 세계에서 주목 받는 기본 특허를 기업과 공동으로 취득하고 실용화하여 로열티까지 받았다. 하지만 개인 명의로 계약을 했기 때문에 그만큼 많은 요구를 할 수 없었고, 벌어들인 수익을 대부분 대학에 기부했지만 표면화되지 못하여 그 배경조차 알려지지 않았다. 일부 회의 때 의견을 낸 적이 있지만 당시는 좀처럼 이해를 받지 못했고 심지어 질투하는 사람들이 더 많았다. 본래대로라면 이런 종류의 일은 모두가 이해하고 지지하며, 특히 산학 연계에 관해서도 깊이 이해해 줘야 좋은데 내 바람처럼 잘 되지를 않는다. 최근에는 IT(정보 기술)에 의해 산업 기술이 비약적으로 발전했기 때문에 대학의 연구 성과가 바로 산업계에서 실용화되는 일이 많아졌다. 산학 연계는 역사의 필연이다. 작년 4월부터 국립 대학의 독립 행정 법인이 출범하여 산학 연계가 드디어 본격적으로 추진되고 있다. 산학 연계를 계기로 이공학을 중심으로 하는 대학 연구실이나 연구소에서는 특허 발명 기술에 관한 연구가 늘어나고 있다. 법을 정비하고 명확한 지침을 마련하는 일이 급선무다.

종합 과학 기술 회의·지적 재산 전략 전문 조사회에서도 논의가 시작되었는데 문제가 발생하기 전에 일본의 국익도 함

공학자의 사고법

게 고려하는 방향으로 규칙이 정해질 것이다. 우리 과학 분야에서도 산학 연계 추진 본부 같은 조직을 만들어 마찬가지로 손쉽게 접근할 수 있는 환경을 조속히 정비하고 구축할 필요가 있다. 하지만 일본인은 한 사람이 어떤 한 방향을 향하면 모두 같은 방향만을 향한다. 조속히 산학 연계를 추진할 수 있는 체제를 만들고 더불어 이전부터 실시해 온, 대학에서밖에 할 수 없는 기초적이고 학술적인 연구의 중요성도 잊지 말고 지속해야 한다. 앞으로 더욱 다양화, 글로벌화 되는 사회에 있어서는 그 균형 감각을 키우는 일이야말로 더욱 중요할지도 모른다.

기술 지도 경험

기술 조언을 하며 배우다

가나가와(神奈川) 현에는 얼마 전까지 '기술 조언자'라는 제도가 있어 중소기업 지도 육성의 한 축을 담당해 왔다. 이 제도는 아마도 5~6년쯤 전에 중지된 것 같다. 이미 30여 년 전 일이지만, 당시 가나가와 현 공업 시험소 부장이었던 이마이 유이치(今井雄一) 교수가 "혼마 군, 나는 플라스틱 도금에 관해서 잘 모르니 자네가 같이 가 주게나." 하고 가나가와 현 내의 도금 공장을 여기저기 순회하며 기술을 지도하도록 시켰다. 그와 별개로 요코하마(橫浜) 시에도 공업 기술 센터가 있어 나카무라 미노루(中村實) 교수의 지시로 요코하마 시의 직원과 함께 시내에 있는 공장을 돌며 지도하기도 했다. 처음에는 순회지도할 때 공장의 담당자나 경영자가 사내에서 기술적으로 난관에 부딪친 문제를 던져주겠지 싶어서 긴장했지만, 그 긴장은 바로 풀렸다. 왜냐하면 당시 "이것 참 큰일이군!" 하고 고민할 만한 문제가 거의 없었기 때문이다.

이마이 교수는 대학 강의 시간에 항상 "나는 물장사가 전문이네." 하고 학생들에게 농담을 건네곤 했는데 실제로 일본의 폐수 처리, 특히 시안[†]의 처리 분야에서 제일인자였다. 그래서 나는 이마이 교수와 기술 지도를 하러 다닐 때는 플라스틱 도금보다도 폐수 처리에 관한 질문을 많이 받았지만 곤란한 일은 없었으며, 플라스틱 도금에 관해서는 우리 대학이 세계의 선두에 서서 공업화했다는 자부심과 함께 그 기술에 자신이 있었기 때문에 전혀 겁먹지 않았다. 이러한 방법으로 지도한 기술 조언이 그 후의 연구에 좋은 거름이 되었다. 게다가 표면 처리 관련 기업에서는 기술자가 부족하다는 인식이 있어 학생들을 이 분야의 중소기업으로 많이 진출시켰다. 물론 대기업으로 내보내는 것도 좋지만 '닭 벼슬이 될지언정 소 꼬리는 되지 마라'라는 뜻의 계구우후(鷄口牛後)라는 사자성어도 있듯이, '대기업보다는 중소기업에서 더 활약할 수 있을 걸세.' 하고 학생들에게 반

은 강제, 반은 설득을 해 왔던 것이다. 현재   † 탄소와 질소가 화합한
표면 처리 기술에 관련된 산업계로 진출시   유독성 기체.
킨 학생 수는 나카무라 교수 때부터 헤아리면 벌써 300명이 넘
으며, 우리 학교 출신자를 전부 합해 500명 이상이나 되는 일대
세력을 구축하고 있다.

기술의 전승

나는 30대 초반부터 50대 초반 때까지 이러한 식으로 플라스틱
도금에 관한 기술 지도를 담당해 왔다. 하지만 10여 년 전 "교수
님이 연구하시는 첨단 기술에 관여하고 있는 회사는 지도해 주
지 않아도 스스로 노력해 잘하고 있는 반면에, 지도를 원하는 회
사는 저차원적인 일만 하고 있는 실정이다 보니 교수님께 죄송
해서요." 하는 상황을 전해 들은 후로는 기술 지도의 요청이 더
이상 들어오지 않았다. 이후 일본 내의 공장을 시찰할 일은 거의
없어졌고, 오히려 해외에 있는 공장을 매년 시찰하게 되었다.

그런데 얼마 전, 어떤 회사에서 꼭 한 번 방문해 달라고 해
서 10여 년 만에 중소기업을 견학하게 되었다. 회사에 들어서
기 전, 지금까지의 도금 공장의 이미지를 떠올리고는 이 회사도
어수선하고 관리가 잘되어 있지 않을 것으로 예상했다. 그런 생
각으로 현장에 들어섰는데 확실히 낡은 공장이기는 했지만 현
재 우리 대학의 관련 회사인 간토카세이와 비교해도 전혀 손색

없을 만큼 깔끔하게 정리되어 있는 데 놀랐다. 그리고 회사에 도착하자마자 우선 사업 내용을 들었다. 지금까지 방문했던 마을공장 규모의 도금 공장은 대개 다 아연의 배럴 도금이나 장식 도금, 크롬산염, 크롬 도금 등이었다. 그런데 이 공장에서는 그런 일을 하고 있는 게 아니라 이미 폐기한 것인지, 라인이 가동되지 않고 있었다. 이 회사 한 군데만으로 판단할 수는 없겠지만 활발하게 일이 돌아가고 있던 곳은 대부분 최첨단 분야였다. 이 회사가 가진 것이라고는 사장이 오랜 세월에 걸쳐 익혀 온 노하우와 장인 정신이 깃든 공정뿐이었다. 아마도 그 공정에 관한 노하우는 사장 한 사람밖에 알지 못할 것이다. 이 기업은 애써 자사 내에 확립해 온 노하우가 있는데도 신규 사원을 채용할 수 없다. 또한 채용하려고 해도 아무도 오지 않는다고 한다.

공장 면적도 꽤 넓어서 기술력과 아이디어를 갖춘 경력자를 뽑고 더불어 젊은 직원을 몇 명 충원해 적극적으로 일을 추진하면 비약할 가능성이 충분하다는 생각이 들어 참으로 안타까웠다. 만일 내가 예전부터 이 기업을 알고 있었다면 학생을 소개할 수도 있었을 것이다. 이러한 장인 기술은 아쉽게도 점점 잊혀 갈 것이다. 기술의 전승은 상당히 규모가 큰 기업에서도 잘 이루어지지 않는다. 지금까지 축적해 온 기술을 어떻게 차세대에 전승해 나갈지를 진지하게 고민하지 않고, 앞날을 서두른 나머지 겉으로 보이는 판에 박힌 업무만을 가르치고 있을 뿐이다 보니 정작 중요한 기술의 근간은 전해지지 않고 있다.

　게다가 앞으로 글로벌 조달, 저출산 고령화가 진행되는 추세 속에서 신기술을 창출하지 않으면 업계 전체에서는 10년도 더 전에 이루었던 성장 속도를 다시는 기대할 수 없을 것이다. (2003년 8월)

의존 체질에서의 탈피

위기는 변화의 기회!

표면 기술 협회의 회장을 맡고 있기 때문에, 관련 단체의 협의회, 총회, 간친회에서 연설을 의뢰 받는 일이 많다. 연초부터 대여섯 차례 이러한 회의에 참석하는데 현 시대적 상황이 반영되는 탓에 온통 어두운 이야기뿐이었다. 대부분의 회의는 정치에 기대하기도 하고 지방 자치제에 대한 바람이랄까, 요구 사항에 관한 이야기가 많았다. 표면 처리 업계의 회원 수는 최근 10년 사이에 3천여 개 회사에서 2천여 개로 급격히 감소했다고 한다.

　조합이나 연락 협의회 등은 아무래도 업계 전체를 생각해야 하기 때문에 약자를 구제하는 의미에서 경기의 후퇴기에는 수습 단체가 되고 마는데, 규모가 축소된 현재에는 결국은 강한 기업만이 살아남게 된다. 어떻든지 간에 의존 체질에서 빨리 벗어나지 않으면 앞으로 폐업하거나 업종을 바꾸어야만 하는 회사가 속출할 것이다. 나는 항상 위기야말로 도전할 수 있는 기회라고, 적극적인 자세로 일을 추진해야 할 필요성을 강조해 왔다.

기능성 향상을 위해 도금이 사용된다

미래가 없다, 또는 전망이 어둡다고 비관적으로 생각하는 기업이 많은 것 같은데, 그러한 기업 중에서 실은 가치 있는 기술을 갖고 있으면서도 미처 그 사실을 깨닫지 못하는 경우가 있다. 한편 사업을 적극적으로 펼치고 있는 기업은 매력이 있는, 자신들밖에 할 수 없는 기술을 구축하여 큰 발전으로 이어가고 있다.

최근 여러 가지 상품을 보면 기능성을 부여하기 위해 도금을 사용하는 빈도가 높아졌다. 한 가지 예를 들자면, 반도체 제조에서는 기존 진공 증착이나 스퍼터링†과 같은 건식 공정(dry-process)이 주류라고들 하는데, 실은 반도체 제조 장치와 주변의 평가 기기만으로도 막대한 비용이 드는 데다 이 영역은 기술의 발달 속도가 무척 빠르기 때문에 감가상각을 끝내기 전에 차세대 프로세스를 확립해야만 하는 상황이다.

같은 학술 학회의 회원이자 이제는 IBM에서 은퇴한 로만 큐 박사는 입사 당시부터 40년 이상에 걸쳐 건식 공정에서 습식 공정에 도전해 왔다. 이것이 자기(磁氣) 디스크의 무전해 도

금이며 반도체의 전기 도금에 의
한 배선 형성이다. 최근 습식 공정
(wet-process)이 세계적으로 인
식되고 있어 건식 공정에서 도금으
로 교체되는 것을 적극적으로 받아
들이려는 분위기다. 미세 전자 기계

시스템(MEMS, Micro Electro Mechanical System)이나 바이
오 칩(biochip)의 제조 기술에도 도금이 깊이 관련된다. 이들은
틀림없이 미래를 기대할 수 있는 표면 처리 기술이다.

관리 능력과 기술력

앞으로의 경영은, 경영자의 관리 능력과 기술력이 크게 성패를
가를 것이다. 기술적으로 실력이 없는 기업은 앞으로 당연히 도
태될 운명에 처하게 될 것이며, 반대로 견실하게 기술력을 키워
온 기업에서 경영자의 관리 능력이 뛰어나다면 앞으로 더욱 크
게 성장할 것이다. 고도 성장기에는 자사 내에 기술력이 없어도
약품이나 설비를 공급하는 회사나 일을 의뢰하는 대기업이 기
술적으로 지원해 주었다. 그 지원에 힘입어 크게 수익을 올리고
규모를 확대해 온 기업도 많다. 하지만 지금까지 이익을 올렸던
기업도 성숙 기술†이 중국을 비롯한 동남아시아 각국으로 옮겨
가서 시장 규모가 대폭 축소된다면 장래를 예측할 수가 없다.

'하청 산업에서 빠져 나와야 한다.'라고 나카무라 교수는 거품 경제 절정기에 경종을 울린 바 있다. 게다가 '아무리 이렇게 말해도 떨어질 데까지 떨어져 봐야 실감할 것이다.'라고 탄식하기도 했다. 신기술을 추구하고자 해도 표면 처리를 중심으로 한 대부분의 하청 가공 기업은 기술의 축적, 기술자의 양성을 게을리 해 왔기에 대응하지 못한다. 스스로 적극적인 판단과 전개로 기술을 따라잡고 신기술을 창제할 수 있는 것은 극히 일부 기업일 뿐이다. 조합을 중심으로 한 조직은 고도 성장기의 사교적 모임 같은 분위기에서 벗어나야 한다. 현재 표면 처리 산업계에서도 산관학 연계 사업의 추진과 협의회 활동이 시작되었는데 논의만으로 끝날 것이 아니라 구체적으로 실행할 수 있는 장치를 구축해야 한다. (2003년 7월)

표면 공학 연구소 발족

연구소 설립에 착수하다

3년 전에 북유럽의 대학을 시찰했는데, 특히 핀란드의 헬싱키 공과대학 연구소를 견학하여 활동 상황을 듣고서 우리 학교에도 연구소를 만들어야겠다고 마음먹었다. 그리고 6개월 후 동문회에서 연구소 설립에 관한 구상을 졸업생들에게 설명했다.

공학자의 사고법

이미 일본 산업의 국제 경쟁력이 크게 떨어져 정부에서 과학 기술의 진전을 위해 예산을 중점 배분하기로 되어 있었다.

국가의 부채가 점점 증가되는 가운데, 국립 대학의 독립 법인화, 즉 민영화가 요구되어 2004년에 실시된다. 또한 국립, 공립, 사립을 불문하고 대부분의 대학에서는 앞으로 저출산 현상을 대비하여 사활을 건 대학 경영의 개선 및 매력 만들기를 추진하고 있다. 구체적인 예로는 학과의 명칭 변경, 새로운 학부와 새로운 학과의 설립, 그리고 국가의 시책에 부응한 최첨단 리서치 센터 설립(국가와 대학이 절반씩 부담, 현재 이미 90개 이상의 대학, 124개 연구실에서 실시되고 있다) 등이 있다.

우리 대학교에서도 단과 대학을 폐지하고 올해 4월에 인간환경학부를 신설했다. 게다가 법학부에 새롭게 법정 학과를 신설했다. 공학부도 역시 학과 구성을 개편하고 새로운 학과의 설립을 3년쯤 전부터 검토하고 있다. 우리가 소속된 공업 화학과는 '연기가 훌훌 나는 공업 단지'를 떠오르게 하는 느낌이라 6~7년 전에 커리큘럼을 변경하고 응용 화학과로 명칭 변경 신청을 하려고 움직이고 있었다. 하지만 당시는 아직 문부과학성의 허인가 권한이 강해서 신청 전 문의 단계에서 단념하지 않을 수 없었다. 최근 절차의 간소화에 발맞추어 2년 후에는 신고제로 바뀐다. "각 대학에서 자유롭게 해 주십시오. 나중에는 시장원리에 따라 도태되는 대학도 나올 것입니다."라는 뜻이다.

이러한 배경 속에서 앞으로 대학의 장래를 생각해서 졸업생의 대부분이 표면 공학 관련 영역에서 활약하고 있기 때문에 연구소를 반드시 설립하지 않으면 안 된다며 실질적으로 움직인 지 1년쯤 지났다. 그 전에는 연구소 설립을 위해서 기회가 되는 대로 계획을 밝힌다거나, 대학 내의 중요한 자리에 있는 사람에게 구상을 설명하기도 하고, 때로는 동문 선배를 비롯한 산업계 경영자들에게도 줄곧 이야기를 해 왔다. 우선 설립에 있어 '대학 내에 연구소를 만들 수 있을까?'라는 명제를 떠올렸지만 이는 개인의 힘으로는 도저히 불가능하다고 판단했다. 그래서 대학과 졸업생에게, 그리고 산업계의 많은 분들에게도 가장 설득력 있으며 가장 성공을 이룰 가능성이 높은 곳은 어디일지를 궁리했다. 산학 협동의 근본은 대학에 있다. 그러므로 대학의 사업부에서 주식회사로 독립한 간토카세이(대학의 지주 회사)의 단지 내에 우선 분실을 만드는 일, 이것이 연구소 설립의 지름길이라고, 나와 간토카세이의 임원은 의견의 일치를 보았다.

간토카세이가 본 대학의 사업부에서 독립한 지 30년이 지난 3년 전, 30주년 기념식장에서 당시의 사장이 참가자에 대한 인사에서 본 대학과의 산학 협동 추진을 선언했다. 그러고 나서 대학의 최고 경영자와 구체적인 사안에 대해 이야기를 나누기 시작했다. 이런 종류의 계획은 행동력이 뛰어나지 않으면 착착 진행되지 않고 질질 시간만 끌게 된다. 이번에는 의외로 시간이 오래 걸렸는데, 기업의 오너 경영자가 바로 결론을 내릴 수 있는 상황과는 달리, 승인되기까지의 절차가 복잡해서 시간이 오래 걸리는 것은 어쩔 수 없었다. 어찌 되었든 드디어 설립 승인이 떨어졌다.

작게 낳아서 크게 키워라

저출산 현상이 심각해짐에 따라 앞으로 몇 년 후에는 일부 대학의 지원자 수가 정원에 미치지 못하는 상황이 벌어질 것이다. 최악의 경우에는 경영이 불가능해져 폐교에까지 이를 것으로 예측된다. 이미 18세 인구는 정점인 210만 명에서 60만 명이 줄었고, 더구나 몇 년 사이에 30만 명이 감소한다. 따라서 현재와 같이 각 대학에서 거의 같은 교육이 이루어진다면 당연히 편차치(학력 표준점수)가 낮은 대학은 사라질 운명에 놓이게 된다. 우리 대학도 멍하니 있을 수 없다. 대학에서는 최고 경영자와 그때의 교육 책임자 및 수뇌부가 진지하고 신속하게 행동을 취하지 않으면 개혁은 진척되지 않는다. 대학에 따라 개혁 속도에 큰 차이가 난다. 상부에서 의사 결정을 하는 대학이라면 경영자나 핵심 운영진으로서 산업계의 거물을 초빙하고 있는 대학에서는 개혁이 매우 빠르게 진행된다. 특히 상위 30개 대학으로 남을 가능성이 있는 대학에서는 과감한 개혁이 진행되고 있다. 상위 30개 대학에는 연구비가 중점 배분되므로 사활이 걸린 문제다. 분야별로 몇 개 영역이 정해져 있는 데다 대학 전체의 평가는 아니므로 한 개 학과라도 충실한 교육 연구를 하고 있으면 그 영역에서 상위 30위 안에 들 수 있다. 우리 대학에서는 바랄 여지도 없고 출발선에서 이미 체념 상태다. 앞으로 연구비를 학생의 수업료와 국가의 조성금으로 감당하지 못하게 될 것은 분명하다. 점점 더 공학부의 연구 가능성이 정체될 것이다.

지금 한창 COE[†]라는 용어가 사용되고 있는데, 이는 각 대학에서 각각의 특징을 지닌 센터의 설립을 의미한다. 대학 전체로서는 영역이 작을지도 모르지만 표면 공학에 관한 연구와 교육은 우리 대학의 내세울 만한 특징이며 국내외에서도 높이 평가되고 있다고 확신한다. 현재 이 영역의 연구를 주로 행하고 있는 우리 학과의 교직원은 나를 포함해 세 명이다. 연구소의 설립에 있어 리스크를 회피하자는 목소리가 커서 연구소는 유한 회사로 하고 300평방미터의 분실에서 시작하게 되었다. 우리 학교의 COE가 될 수 있도록 작게 만들어서 크게 키우려는 의지로 특색 있고 매력적인 연구소로 성장시키고 싶다. (2002년 6월)

산학 협동의 뿌리

† Center of Excellence: 우수한 인재와 최첨단 설비를 갖춰 세계적으로 평가 받는 연구 기관.

1946년 간토가쿠인 대학의 전신인 공업 전문학교에 학생의 기술 습득과 학생에 게 일할 장소를 제공하는 것을 목적으로 실습 공장이 세워졌다. 1948년에는 공장 내에 간토가쿠인 기술 시험소가 병설되었고, 1951년에 사립 학교법의 개정에 따라 교육 사업 외에 학교 경영을 지탱하는 수익 사업이 가능하게 되어 독립 채산성의 사업부가 발족되었다. 1953년에는 통산성에서 조성금을 교부 받아 간토 자동차, 토요타 자동차의 도금 가공을 위한 생산에 들어섰다. 그 후에는 토요타 자동차 공업과 기술 교류가 개시되어 대학의 연구 개발로서 높은 평가를 받게 되었다. 이어서 1960년에 공업 화학과가 설립되었고, 나카무라 교수를 비롯한 기술 담당자의 총력으로 1962년에 세계에서 선두로 플라스틱 도금 기술에 성공하여 표면 처리 업계에서는 일대 혁명을 일으켰다.

현 주식회사 하이테크노의 대표를 맡고 있는 사이토 마모루(斉藤囲) 사장은 당시의 사업부에 적을 두고 요코하마 국립 대학의 대학원에서 플라스틱 도금의 핵심 기술인 무전해 구리 도금의 기초 연구에 착수했다. 지금 활발해진 '사회인 국내 유학'의 선구자다. 그때 제창된 '혼성전위론(混成電位論)'은 틀림없이 무전해 도금의 석출을 이론적으로 명쾌하게 해석한 것으로, 당시 관련 학회에서 이론의 제창에 관한 논문에는 논문상을, 그리고 플라스틱 도금의 확립에는 기술상을 수여했다. 이로 써 간토가쿠인 대학의 이름은 표면 처리 분야에서 높이 평가 받게 되었다. 게다가 일본 내는 물론 미국에서도 큰 반향을 일으켜 매스컴에서 대대적으로 보도되었다. 당시 일본은 독창적인 기술은 거의 없고 유럽이나 미국을 모방한 기술이 많았으나, 이 표면 처리에 관한 일련의 연구는 간토가쿠인 대학이 독창성을 발휘해 제창한 훌륭한 업적이다. 유감스럽게도 연구 논문은 일본 어로 쓰였기 때문에 세계적으로 평가 받기까지 몇 년이나 시간이 걸렸다. 그래서 나는 나카무라 교수의 뒤를 이어 연구를 수행해 나가는 중에 몇 개의 논문은 영어로 쓰려고 애써 왔다. 또한 국제회의에도 적극적으로 참가했다. 이러한 노력들이 높이 평가 받아 최근 국내외 관련 학회의 상을 몇 번 수상했다. 특히 해외의 상은 일본인이 아직 두세 명밖에 수상하지 못한 상으로, 연구실을 떠나 자립한 졸업생을 대신해서 내가 대표로 받은 것이라 생각하며 모두 기쁨을 함께 나누고 있다. 이렇게 대학교의 사업부와 함께 연구를 계속해 왔는데, 바로 얼마 전까지는 어느 대학에서도 기업과의 협동 연구에 관해서는 인정 받지 못했다.

우리 대학의 사업부는 1967~1968년부터 학원 분쟁이 격심해지고, 학생뿐만 아니라 젊은 교직원 사이에서도 산학 협동 노선을 반대하는 목소리가 높아져 1970년에 사업부를 폐지하고 대학을 대주주로 하는 주식회사로 전환하지 않을 수 없게 되

공학자의 사고법

었다. 현재는 각 대학이 중심이 된 벤처 기업의 성립이 빈번히 보도되고 있는 바, 이미 우리 대학에서는 사업부로 시작하여 주식회사를 보유한 대학으로서 사회에 공헌하고 있다는 사실을 강조할 만하다. 최근 1년간 대학과 산업계의 연계에 관해서 말해 왔지만, 우리 대학은 지금까지의 역사와 전통, 그리고 교훈을 바탕으로 하여, 수업료에 거의 의존해 오다시피 한 연구와 교육의 구조를 바꿔 나가야 한다.

미국이나 유럽에서는, 대학이 시설은 제공하지만 연구비는 스스로 벌어야 하는 것이 상식이다. 나는 미국에 본거지를 둔 학회의 연구임원으로 있기 때문에 조성금의 심사원도 맡고 있지만 미국이나 유럽의 대학 연구자는 모두 연구 조성에 응모하고 있다. 일본에서도 최근에는 국립 대학의 독립 법인화, 기술 이전사업, 대학 출자 벤처 기업, 산학 협동에 관해 빈번히 보도되고 있으며, 앞으로의 연구는 대학에서의 연구 성과의 권리를 지키고 재투자를 위한 자본금을 벌어야만 한다. 다른 대학과 똑같은일을 해서는, 그마저도 뒤따라가며 해 봤자 상황은 악화되기만할 뿐이다. 산학 협동의 뿌리가 우리 대학이라는 자각과 자신감을 가지고 산업계와의 연계를 한층 더 견실하게 하는 구조를 만들어 학생의 교육 연구를 소생시켜야 한다. (2002년 3월)

산학 협동 프로젝트의 추진

산학 협동을 둘러싼 최신 동향

최근 산관학의 교류나 공동 프로젝트의 추진에 관한 보도가 자주 눈에 띈다. 실제로 문부과학성과 통상산업성[†]이 중심이 되어 대형 프로젝트를 만들고 기술을 활성화하고 있다. 또한 TLO라고 하는 활자도 시선을 끌고 있다. 이는 기술 이전 전담 조직으로, 대학의 기술에 관한 연구 성과를 민간 기업에 이전하는 것을 목적으로 한 사업 조직이다. 현재 기술 이전 사업은 도쿄 대학교와 도호쿠(東北) 대학교, 그리고 사립으로는 와세다 대학교와 리쓰메이칸(立命館) 대학교에서 발족되었다. 이는 대학에 있어서 기업과의 공동 연구, 위탁 연구, 장학 기부금 등에 의한 산학 연계, 게다가 벤처 비즈니스 연구실 또는 리에종 오피스[†]를 설치하여 더욱더 적극적으로 공동 연구를 추진하려는 취지이다.

문부성과 통산성이 공동으로 대학의 기술에 관한 연구 성과를 민간 사업자에게 이전하기 위한 법제화를 마련하는 등 환경 정비가 이루어지고 있다. 대학의 연구 성과가 민간 기업으로 이전되어 로열티 등의 보수가 연구자 개인이나 연구실의 새로운 연구 자금으로서 환원된다면 연구자의 인센티브가 높아지고 또한 대학 관계자의 산업계에 대한 공헌 지향, 연구 성과의 사업

공학자의 사고법

화, 그리고 벤처 기업의 창출 효과가
기대된다. 미국에서는 이미 대학에서
의 첨단적인 발명이나 발견이 하이테

† 경제산업성의 옛 호칭.
† liaison office: 따로 활동하고
있는 그룹이 연계를 도모하기
위한 조직.

크 벤처 같은 민간 기업으로 이전되고 사업화되어 새로운 성과 산업이 창출되는 구조가 구축되어 있다. 일본에서는 기업이 제시하는 연구 주제를 대학 측에서 위탁을 받는 방법이 일반적이다. 또한 일부 대학을 제외한 대부분의 대학에서는 특허를 비롯한 지적 재산권의 소유와 권리화를 위한 시스템이 정비되어 있지 않다. 공동 연구의 결과물로 특허를 낼 때 기업이 출원인이 되는 경우가 많아 일반적으로 대학에는 전혀 권리가 남아 있지 않다. 이런 식이라면 대학 측으로서는 공동 연구에 대한 이득이 전혀 없기 때문에 기술 이전 사업의 정비가 시급하다.

지금부터 약 30년 전, 대부분의 대학은 산학 협동 분쇄라는 슬로건 하에서 그 격심한 학원 분쟁을 겪었다. 그 후 일본의 대학은 기업과 거리를 두게 되었다. 그래서 많은 대학이 진정한 의미에서의 인재 교육과 새로운 기술을 육성하기 힘든 체질로 바뀌고 말았다. 과연 그 끔찍한 학원 분쟁을 겪은 대학교수들이 중심이 되어 산학 연계가 제대로 이루어질 수 있을 것인가. 아무리 법으로 명시하고 환경이 정비된다고 한들, 산학 협동에 거부 반응을 보이는 교수들과 산업계와의 공동 연구 사업이 당장 효과를 나타낼 리가 없다.

일본에서의 컨소시엄은 성공할까?

최근 전자에 관련한 컨소시엄이 구성되었는데 참가하는 기업의 의도가 서로 엇갈리다 보니 계획한 지 이미 1년이 경과했는데도 원활히 운영되질 않는다. 이야기가 구체화되면 될수록 기업 측에서는 얻을 수 있는 이익이 무엇인지를 기대하게 된다. 아마 이런 종류의 컨소시엄이 설립된 배경은 미국과 유럽에서 이미 여러 개의 컨소시엄이 이루어져 실제로 큰 성과를 올리고 있기 때문일 것이다. 일본에서도 뒤늦게나마 시작하지 않으면 안 된다는 초조감에서 컨소시엄을 설립했다. 경영자는 그다지 직접적인 이익을 기대하지 않지만 당사자 입장에서는 아무래도 신경이 쓰일 것이다.

올 한 해는 설립의 취지와 규약을 정비하고 권리 관계에 관한 회원 상호간의 이해를 깊게 하는 데 주력하고 있으며 구체적인 연구 성과는 아직 나오지 않고 있다. 얼마 전에 그 위원회에 참석해 달라는 요청을 받았다. 실장(實裝) 기술에 관련된 컨소시엄으로, 5년에서 10년 후의 로드맵이 완성되어 단기간에서의 요소 기술의 필요성을 느껴 나를 부른 것이리라. 위원회는 오전 10시에 시작되어 오후 5시에 끝났다. 앞서 말했듯이 이미 계획에서 1년이 지났는데도 거의 구체적인 성과는 없다. 나는 공동으로 연구를 실행하는 데 있어 그다지 직접적인 이익이나 권리만을 주장하지 않고 서로 슬쩍 속을 떠보는 듯한, 뒷짐을 지고 있는 듯한 태도가 아니라 연구에 적극적으로 각 회사가 참여하고 성과를 서로 나누어 가질 수 있도록 해야 한다고 호소했다.

† Lucent Technologies: 미국의 대형 통신 장비 회사.
† Large Scale Integrated circuit: 고밀도 집적 회로.
† Dynamic Random Access Memory: 메모리 반도체 중 동적인 임의 접근 기억 장치.

미국의 산관학 프로젝트 중에서 반도체 산업이 예로 자주 인용된다. 미국의 반도체 산업은 영역을 넓고 깊게 하여 대단한 힘이 있으며 통합력과 높은 기술력이 있다. 미국의 반도체 산업계에서는 작년 말에 산관학의 연구 프로젝트 「포커스 센터 리서치 프로그램(Focus center research program)」을 새로 만들었다. 인텔 사 사장이 주최 인원 중 한 사람으로 10년 간 6억 달러를 제공하겠다고 한다. 인텔 사 외에도 루슨트 테크놀로지† 등이 참여했다.

지금 미국의 하이테크 기업은 재료 연구나 미세 가공 연구에 힘을 쏟아 붓고 있으며 일본은 크게 뒤처지고 있다. 1980년대 후반부터 이미 공업계에서는 연간 500명 규모의 대학원생에게 장학금을 지급하면서 매년 관련 업계의 젊은 기술자를 양성하고 있다. 일본에서는 1970년대에 통산성이 앞장서서 초(超)LSI† 연구 조합을 만들고 거액을 투자하여 DRAM†으로 성공했다. 미국에서는 이를 두고 불공정한 방법이라고 비난하여 일본과 미국의 반도체 마찰로 발전하였고, 이후 그 영향으로 관민의 프로젝트는 완전히 자취를 감췄다. 미국은 이 방법을 공격

의 대상으로 삼으면서 그 후 일본에
많은 미국 상무부의 관료와 재계 인물
을 파견하여 면밀히 사정을 청취하고
이번에는 그 방법을 더욱 발전시켰다.

† electron beam lithography:
가늘게 오므려 조인 전자빔에
의해서 선폭 1μm 전후 혹은
그 이하의 미세한 LSI 패턴을
정확하게 묘사하는 기술.

현재는 대규모의 컨소시엄이 여럿 형성되어 있다. 이를 보고 일본에서도 산관학의 연계를 강화하려고 겨우 통산성이 지원한 최첨단 전자 기술 기구가 설립되었다. 반도체 업계가 주목하는 전자빔 묘사 기술†이 중심 주제가 되었다. 이러한 종류의 국가 프로젝트가 훌륭히 기능할지 아닌지는 지도자의 강한 리더십에 달려 있다. 또한 앞서 컨소시엄의 결점을 지적했지만 기업의 기술자가 더욱 넓은 관점에서 프로젝트를 시행하지 않는 이상 성과는 그다지 기대할 수 없을 것이다. 일본의 산업계는 실적 악화로 인해, 지금까지처럼 기초 연구 분야에 대한 투자를 감액하지 않을 수 없는 상황에 있다. 하지만 앞으로도 견실하게 연구 활동과 산관학의 협력 관계를 구축하지 않으면, 점점 선진국에서 뒤처져 그저 평범한 국가가 되고 말 것이다. (1999년 5월)

공학자의 사고법

발상력 있는 학생을 어떻게
육성할 것인가

제 5 장

자발적으로 생각하고 행동하고
그리고 끈기 있게

우리가 하고 있는 연구는 일시적인 것이 아니라 지속적이다. 따라서 어떤 의미에서는 다른 사람보다 뛰어난 재능과 감각은 필요하지 않다. 물론 없는 것보다야 낫겠지만 연구가 그러한 재능과 감각에 좌지우지되는 경우는 별로 없다. 오랜 기간 동안 지속해야 하기 때문에 다른 사람보다 진중하고 끈기 있게 연구에 몰두하는 자세가 중요하다. 실패하는 경우도 많이 생기겠지만 끈기 있게 매달리는 동안 실패에서 무언가를 발견하게 된다. 무언가를 발견할 수 있다면 그것은 이미 실패가 아니다. 애초부터 연구에는 실패가 존재하지 않는다. 존재하지 않기 때문에 실패를 두려워할 일도 없다. 이러한 사고는 무척 중요하다. 여러 가지를 깊이 생각하는 것도 중요하지만, 생각만 해서는 단 한 발짝도 앞으로 나갈 수 없다. 반드시 자발적인 행동이 따라야 한다.

나는 학생들에게 '방임주의' 교육을 실시하고 있다. 배운 것만을 실천하는 것과, 스스로 생각해서 시행착오를 거듭하면서 학문을 익혀 나가는 것에는 엄청난 차이가 있다. 스스로 철저하게 생각해 나가는 일은 매우 유익하다. 새로운 아이디어가 떠오르는 데는 그 바탕이 되는 지식이 많으면 많을수록, 그리고 깊이 이해하면 이해할수록 좋다. 자신 혼자서 기초부터 연구해 나가다 보면 분명 지식은 늘어나고 이해도 깊어질 것이다. 나는 연구실의 학생들에게 미주알고주알 잔소리하지 않는다. 학생들에게 자발적으로 생각하고 행동하는 습관을 길러 주고 싶기 때문이다. 또한 공학 분야의 연구는 팀플레이가 중요하다. 모두 협력하는 가운데에서 새로운 것을 창출해 내는 센스가 필요하다. 그래서 공학은 현실 사회와 매우 깊이 관련되어 있다. 단순한 학문으로서 끝나는 것이 아니라 실제로 응용해야 할 필요성이 높기 때문이다. 사람과의 연계가 없다면 현실에서 응용한다는 것 자체가 있을 수 없다.

나는 학생들의 연구 환경이 좋아지도록 신경을 많이 쓸 생각이다. 조금이라도 더 오래 학생들과 함께 하고자 한다. 우선은 연구실이라는 팀 속에서 신뢰 관계를 쌓고 단단한 팀워크를 만들어 많은 것을 배우길 원하기 때문이다. 자연스럽게 연구에 몰두할 수 있는 환경과 분위기를 갖추는 일은 어디까지나 리더의 몫이다. 그만큼 리더가 어떻게 관리하고 어떤 좋은 아이디어를 내느냐가 굉장히 중요하다.

방임주의가 발상의 싹이 되다

삼십 몇 년 전 나카무라 미노루 교수 밑에서 연구하던 시절, 매일 교수에게서 "이거 해라, 저거 해라.", "이건 했나, 저건 했나?" 하고 일일이 잔소리를 듣다 보니 노이로제에 걸릴 것 같은 나날이 계속되었다. 우수한 선배와 동기들은 차례차례 연구실을 떠났고 둔감한 나만 끝까지 교수 곁에 남아 있었다. 매일같이 분주하게 실험을 하고 있으면 가끔은 번뜩이는 아이디어가 떠오르기도 했다. 그 아이디어를 교수에게 말했을 때 교수가 "한 번 해 보게나." 하고 독려하면 나는 무아지경으로 실험에 빠져 시간이 가는 줄도 모른 채 몰두하곤 했다.

내가 처음으로 내 연구에 자신감을 갖게 된 것은 대학 시절, 나카무라 교수 밑에서 공업 시험소에 다니며 졸업 연구를 하던 때였다. 당시 대학에는 연구 장비가 갖추어져 있지 않아 가까운 가나가와(神奈川) 현에 있는 공업 시험소를 오가면서 연구를 했다. 졸업 연구의 내용은 경제 발전과 동시에 문제가 된 하천의 극약독물 오염, 특히 맹독성 있는 휘발성 액체인 시안에 관해서였다. 그래서 이마이 유이치 교수에게 가르침을 청하게 되었다. 이마이 교수는 환경 문제와 하수 처리에 관해 연구하면서 JIS(일본 공업 규격)의 기획 위원도 역임하고 있어 그 분야에서 큰 영향력을 지니고 있었다. 하지만 이마이 교수는

공학자의 사고법

"이 실험을 해 보게나." 하고 말할 뿐 아무것도 가르쳐 주지 않았다. 이마이 교수는 워낙 바쁜 분이어서 내게 주제만 던져 주었고, 나는 혼자 스스로 조사해야 했다. 그러한 방임 상태였지만, 그랬기에 오히려 결실을 맺게 되었다. 아무도, 아무것도 가르쳐 주지 않기 때문에 기초부터 스스로 생각해서 연구를 진행해야 했는데, 이는 스승이 가르쳐 주는 대로만 하는 실험과는 완전히 달라서 무척이나 공부가 되었다. 그 결과 많은 아이디어가 떠올랐다. 무언가를 발상하는 데는 그 밑바탕이 되는 지식이 많으면 많을수록, 이해가 깊으면 깊을수록 도움이 되었다. 그리하여 매우 기쁜 일이 생겼다. 이마이 교수가 JIS 분석 방법에 나의 아이디어를 채택하여 지금까지의 방식을 바꾸었던 것이다. 나는 아직 학생이었기 때문에 이름은 나오지 않았지만 이 한 건으로 매우 자신감이 붙었다. 이 연구는 지금까지도 무척 자랑스럽다. 게다가 분석 장비를 갖추고 있는 기업에 가서 실험을 하던 때도, 이마이 교수는 나의 실험 내용을 높이 평가해 주고, 감사의 말에 내 이름을 넣어 주었다.

학생 시절의 이러한 경험이 자신감으로 연결되어 새로운 발상이 잇따라 생겨나는 원동력이 되었던 것이다. 그때의 경험을 통해 방임주의가 하나의 훌륭한 교육 방법이라는 사실을 절실히 느끼게 되었다. 하지만 요즘은 학생이 주제만 받고서 스스로 하나하나 해결해 가는 광경을 그다지 찾아볼 수가 없다. 나도 지금 학생들을 방임주의로 지도하려고 생각은 하고 있지만, 아무래도 이미 과보호 환경이 오랫동안 굳어져 오다 보니 현 상황에서는 방임주의를 실천하기가 어렵다.

나는 대학 졸업 후 실험 내용을 높이 평가해 준 기업에서 입사 의뢰를 받았는데 고심한 끝에 대학원에 진학하기로 결정했다. 당시는 대학원에 들어가기 쉬운 환경이었지만 실제로 들어가는 사람은 그리 많지 않았다. 또한 자신이 하고 싶은 연구 분야나 주제에 관해 잘 설명하고 반드시 진학하고 싶다는 의지를 전달하여 담당 대학원 교수가 받아들여야만 입학할 수 있는 시절이었다. 나는 교토에 있는 도시샤(同志社) 대학원의 위원장 마음에 들어, 당시 아직 알려지지 않았던 세라믹스에 관해서 연구하고 있는 교수 밑에서 배우게 되었다. 그런데 입학하고 보니 도시샤 대학원은 교토 대학을 은퇴한 교수들이 오는 곳이었다. 내가 하고 싶은 연구는 대학원 내에서는 불가능하다고 들었기에, 그 지도 교수의 소개로 아카시(明石) 시의 끝에 있는 미쓰이시(三石)라는 요업 원료 제조 공장을 찾아갔다. 그곳으로 가서 실험을 하고 대학원으로 돌아가는 날들이 계속되었다. 게다가 대학원으로 돌아가면 지도 교수의 지시로, 무급으로 조수 일을 해야만 했다. 지금으로 말하자면 티칭 어시스턴트와 같은 일이었다. 당시 도시샤 대학원은 학생이 많아 백 몇십 명이나 되는 학생이 실험실에서 밀려나 복도에서까지 실험을 하는 상황이었다. 이러한 대학원 생활을 계속해 나가던 중, 나는 실험을 위해 미쓰이시까지 가야만 하는 일, 대학원으로 돌아와서는 교수의 조수 노릇을 해야 하는 일에 대해 의문을 품기 시작했다. 나는, 내가 진정 어떻게 하고 싶은지를 진지하게 고민하기 시작했다.

끈기 있는 연구 태도를 인정 받다

'과연 이대로 좋은가?' 하고 진지하게 생각하며 고민에 싸인 나는 대학 시절 신세를 졌던 나카무라 교수에게 한 번 상담을 청해 보기로 마음먹고 편지를 써서 보냈다. 그런데 답장이 오지 않아 5월 연휴 기간에 직접 교수를 찾아갔다. 나카무라 교수는 무척 바빠 보였는데, 내 모습을 보자마자 이렇게 첫마디를 꺼냈다. "실력을 기르고 싶은가, 그렇지 않으면 지위를 얻고 싶은가?" 그래서 내가 "그야 누구라도 실력을 기르고 싶을 겁니다." 하고 대답하자 교수는 "그렇다면 돌아오게나." 하고 말했다. 그래서 나는 돌아오기로 결심했다. 과거에 나카무라 교수 밑에서 연구를 하던 시기도 있었지만, 이 한마디야말로 나카무라 교수와의 진짜 인연의 시작이었다.

교토의 하숙집으로 돌아오자 그동안 그렇게나 기다리던 나카무라 교수의 편지가 도착해 있었다. 바로 봉투를 뜯어 편지를 읽어 보니 이러한 내용이었다. "대학원에 진학할 수 있는 사람이 많지 않은 상황에서 애써 대학원에 들어간 것이니 여기서 그만둔다면 장래가 불안해지지 않겠나. 요즘 사회에서는 어느 정도 지위도 필요하니 그곳에서 열심히 해 보게나." 하지만 나는 이미 직접 교수를 만나 이야기를 나눈 후 돌아갈 결심을 굳히고 있었다. 교수를 만나러 가길 잘했다는 생각이 들었다. 그래서 다시 가나가와로 돌아올 때까지는 좋았는데, 내가 다니던 대학에는 대학원이 없었고, 다른 대학의 대학원 시험도 5월에는 이미 끝나 있었다. 그러자 나카무라 교수는 공학부장에게 부탁해서 갈 곳 없는 나를 특별히 대학의 위에 있는 전공과에 들어갈 수 있도록 힘써 주었다. 나카무라 교수는 대학 내에서도 매우 큰 영향력을 갖고 있었다. 이렇게 해서 나는 정식으로 전공과에서 연구를 계속할 수 있게 되었다. 그 시절, 나는 내 거처에 관해 여러 가지로 고민이 많았다. 전공과에서 실험을 해 나가던 중에, 부모에게 폐를 끼치고 싶지 않아서 고향인 도야마(富山)로 돌아가 표면 처리에 관련된 일을 해야겠다고 생각했다. 본가는 비록 작은 규모지만 알루마이트(alumite. 알루미늄 양극산화피막의 속칭)의 표면 처리 일을 하고 있었다. 알루미늄의 양극산화 프레임, 책자나 액자의 프레임 등 일본 내에서 70~80퍼센트의 수주를 받고 있었다.

공학자의 사고법

나카무라 교수에게 본가로 돌아가고 싶다고 솔직히 털어놓자 의외로 교수는 학교에 남아 있기를 권했다. 이때는 교수의 의도를 알지 못했지만, 교수는 나를 대학원에 들어가게 하려는 생각이었다는 사실을 한참 지나서 알게 되었다. 연구에 열심이던 나를 나카무라 교수가 인정해 주었던 것이다. 분명 그때 간토가쿠인 대학에서는 수년간에 걸쳐 대학원을 창설하려는 계획이 진행되고 있었다. 대학원이 생기자 나는 추천 받은 대로 대학원에 들어가 석사 학위를 취득했다. 그 후 나카무라 교수 밑에서 표면 처리 관계의 연구를 하게 되었다. 나카무라 교수도 주제만 주고 그 다음은 모두 자신이 알아가며 스스로 하라는 교육 방침이었다. 나는 하나하나 착실하게 문제를 해결하면서 연구를 계속해 나갔다. 그 연구 내용이 바로, 나카무라 교수가 주력하던 플라스틱 위에 도금을 입히는 기술에 관한 것이었다. 그 기술을 세계에서 가장 먼저 공업화하려는 움직임이 일기 시작하던 때였기에 나의 연구혼에 더욱더 불이 붙었던 기억이 난다. 나는 아침부터 밤까지 열심히 연구를 계속했다.

지금도 그렇지만, 나에게는 취미가 없다. 그래도 굳이 취미가 무어냐고 묻는다면, 바로 연구다. 어떤 일을 발상하고 발견, 발명하는 것이 취미가 되었다. 대학에는 오전 9시 조금 지나서 출근하고 밤 9시가 지날 때까지 연구소에서 지낸다. 만일 학회가 있어 외출했다가 밤늦게야 일이 끝나더라도 반드시 대학 연구소로 돌아오곤 한다. 팀원 모두와 조금이라도 오래 함께하고 싶은 마음도 있지만 무엇보다도 연구실에 틀어박혀 있는 것이 좋다. 학생 시절에는 대학 내에서 먹고 자는 생활을 했다. 캠퍼스에서 얼마 떨어지지 않은 곳에서 하숙을 하고 있었는데도 하숙집에 돌아가지 않고 이불을 대학 내로 가지고 들어와 학교에서 묵었다. 물론 놀기도 했다. 가끔 교수가 자리를 비울 때면 친구들과 당시 유행하던 마작을 하기도 했다. 하지만 역시 그때도 연구가 더 좋았다. 24시간 계속해서 연구를 하는 날도 드물지 않았다. 내가 과거에 몇 번 번뜩이는 발상을 실현해서 공업화해 온 것은 특별히 다른 사람보다 뛰어난 재능이 있어서가 아니다. 지금 나보다 센스와 능력이 있는 선배나 동기는 여러 명 있다. 능력이 활용되느냐 아니면 묻히느냐의 차이일 뿐이다. 나의 능력이 활용될 수 있었던 것은 단지 다른 사람보다 우직하고 끈기 있게 연구에 몰입했기 때문이다.

필요한 기능은 열정과 호기심

공학부 연구자로서 가장 필요한 기본 자질은 열정과 호기심이다. 현재 국립 대학이 독립 행정 법인화를 시작하고 연구비를 획득하기 위해 부적 실적을 올리려고 하고 있지만, 이러한 부담감 속에서 하는 연구는 결코 오래 지속되지 못한다. 꿈을 품고 기쁨을 발견하면서 연구하지 않으면 전부 무너지고 만다. 나는 처음부터 논문을 몇 편 써야 한다거나, 어떻게든 발표해야 한다는 생각을 전혀 하지 않고 자연스러운 흐름에 맡기고 있다. 이만큼 좋은 방법은 없지 않을까 싶다. 다른 교수들은 논문을 연간 몇 편 써야 한다, 어떻게든 발표를 해야 한다고 압박감을 느끼는 것 같은데, 나는 그러한 부담을 압박감으로 느끼지 않고 내가 하고 있는 일에 으레 따라오는 것이라고 받아들인다.

가령, 내가 받은 많은 상은 연구에 따른 결과로서 나중에 저절로 따라오는 것이므로 전혀 의식하지 않는다. 모두 그런 마음가짐으로 연구를 해 나가면 더욱 즐겁게, 더욱 효율적으로 성과를 낼 수 있지 않을까. 자연스러운 흥미와 관심이 발상을 이끌어 낸다. 또한 공학은 팀플레이가 중요하다. 무언가 일생 최대의 연구 대상을 발견했을 때 한 사람이 꾸준히 맞서 나가는 방법도 좋을지 모르지만, 역시 모두 함께 새로운 것을 창출해 내는 감각이 무척 중요하다.

이학계라면 문과계와 비슷해서 혼자서 꾸준히 몰두하는 사람이 많고 팀을 짜서 일을 추진하는 경우는 별로 없는 듯하나, 공학은 현실 사회를 보고 그 속에서 실제로 응용해야 할 필요가 있다. 여러 사람과 관련되지 않고서는 응용은 절대 불가능하기 때문이다. 팀의 리더가 되면 자신의 일만 할 것이 아니라, 팀 차원에서 일을 아울러야 한다. 팀플레이에 있어 사람 간의 관계는 무척 중요하다. 공학부의 연구자는 각자 다양한 열정과 호기심을 품은 개개인이 모여 팀을 이룬다. 그리고 모두 일치단결하여 연구함으로써 아이디어를 찾아 내고 발명을 실용화해 나간다.

좋은 연구는 아이들링부터

우리에게 필요한 것은 열정과 호기심, 그리고 팀플레이라고 앞서 말했지만 한 가지 더 보태자면, 연구는 일시적이 아니라 지속되어야 한다. 이는 우리가 지향하는 연구는 아이들링† 해야 한다는 뜻이다.

기업의 경우는 아이들링이 없다. 기업에서는 가령 1~2개월의 기간을 설정하고 바짝 집중하여 목표를 달성한다. 물론 그런 방법은 그것대로 중요하지만 조급해한다고 좋은 결과가 나오는 것은 아니다. 실제로는 예기치 않았던 일도 일어나기 마련이다. 그래서 연구는 차분한 자세로 꾸준히 해 나가는 것이 중요하다. 우리의 연구는 줄곧 저속으로 엔진에 시동을 걸고 있는 것과 같다. 그렇게 어떤 주제로 연구를 하고 있는 중에 '앗!' 하고 좋은 생각이 나기도 하고 반짝 아이디어가 떠오르기도 한다.

때로는 실패로 얻은 결과에서 새로운 사실을 발견하는

경우도 있다. 이렇게 생각지도 못한 일   † idling: 공전이나 무부하
을 우연히 발견하는 능력을 세렌디피티   완속 운전으로 기계나
(serendipity)라고 한다. 끈기 있게 연구   자동차 따위의 엔진을
를 하다 보면 그러한 순간을 만나게 된다.   가동한 채 힘걸림이 없는

상태에서 저속으로
회전시키는 일.

역시 연구는 돈 벌 욕심으로 해서 될 일이 아니다. 실적을 남기기 위해서가 아니라 오로지 자신이 해야 할 일에 푹 빠져야 한다. 내 경우 미국이나 유럽에서 받은 명예로운 상이나 최근 받은 가나가와 문화상도 일에 몰두하다 보니 어느새 선정되어 있었다. 특별히 상을 의식하지는 않았지만 저절로 나의 발자취가 생겼다.

세렌디피티라는 용어는 '일본 우주 개발·로켓 개발의 아버지'로 불리는 이토카와 히데오(糸川英夫, 1912-1999) 씨가 20년쯤 전에 사용한 것으로, 나는 이 단어가 참으로 마음에 든다. 언제나, 어떠한 실험도 세렌디피티의 가능성을 갖고 있다. 그러므로 실험에 실패는 없다. 실패가 없으므로 실패를 두려워할 필요도 없다. 그렇게 생각하면 아이디어가 반짝 떠올랐을 때 고민하지 않고 좌우간 일단 실험을 해 볼 수 있다. 당장 행동으로 옮기고 실험 현상을 지긋이 관찰하라. 이러한 방식을 몸에 익히면 발상에 민감하게 대응할 수 있다. 생각만 하고 있어서는 앞으로 한 발짝도 나아갈 수 없다. 벽에 부딪쳤을 때는 팀의 동료들과 함께 고민하고 해결의 실마리를 찾아 서로 의견을 모으

는 것이 좋다. 그러다 아무리 해도 더 이상 해결할 수 없는 상황이 되면 그때 판단을 내리는 것이 팀 리더인 나의 역할이다. 연구는 세렌디피티의 가능성이 있기에 즐거운 일이다. 그 점을 발상력의 원천으로 삼아야 한다.

탄탄한 팀워크야말로 발상을 낳는 환경

어떻게 팀워크를 탄탄하게 만들 것인가. 혼마 연구실은 현재 대학원생과 학부생을 합쳐 33명으로 구성되어 있다. 한 사람이 관리할 수 있는 인원수는 최대 25명에서 30명 사이일 것이다. 지금까지는 25명이었는데 이 정도면 나 혼자서 충분히 지휘할 수 있었다. 신기하게도 지금까지 실제로 나의 팀에 불협화음이 있었던 적은 단 한 번도 없었다. 최근 학생 수가 늘어남에 따라 새로 고이와 이치로(小岩一郎) 교수가 연구실에 들어오게 되었다. 그래서 나는 일하기가 훨씬 수월해졌다. 연구 주제도 더욱 늘릴 수 있다. 고이와 선생은 서서히 팀워크를 높여 가겠다고 마음을 쓰고 있어서 현재 팀의 결속력이 점점 향상되고 있다.

한 달에 한 번씩 연구실 인원과 표면 공학 연구소의 연구소원이 함께 진척 보고회를 열고 있다. 간토가쿠인 대학에 모여 각자 열정과 꿈을 품고 연구에 몰두할 수 있도록 토론하면서 진행하고 있다. 팀의 리더는 이러한 환경을 만들고 원활히 기능하게 해야 한다. 이전에는 리더가 착취하는 부당한 사태도 있었다고 하는데, 현재는 이러한 환경을 만드는 사람이 좀처럼 없다고 한다. 결국 팀은 리더의 역량에 따라 좌우된다고 볼 수 있다. 스포츠에서도 마찬가지다. 아무리 뛰어난 선수가 모여 있다고 해도 감독의 역량이 부족하면 팀은 하나로 뭉치지 못한다.

간토가쿠인 대학은 럭비 부가 유명한데, 나는 하루구치 히로시(春口広) 감독을 높이 평가하고 있다. 선수들을 잘 돌보아 가르쳐서 일본 최고가 될 때까지 길러 내고 있다는 점이 대단하다. 가령, 하루구치 감독은 학생과 유럽 원정을 떠날 때도 비행기에서 절대 비즈니스 석에 앉지 않고 학생들과 똑같이 이코노미 석에 앉아서 간다고 한다. 어떤 일이든 학생과 하나가 되어 임한다. 여러 가지 사례를 보고 들은 바로는 리더의 관리 방식이 굉장히 중요하다는 사실을 깨달을 수 있었다. 나는 내 주변에서 무언가 문제가 생겼을 때, 인간으로서 그 문제를 수용해야 한다고 생각한다. 물론 내가 해 온 일 중에도 부족한 점이 있었겠지만, 지금까지는 그다지 잘못한 일은 없었다. 나는 옛날부터 오지랖이 넓다는 말을 자주 들어왔는데 이는 내가 사람과의 관계를 매우 중요하게 여기기 때문이다. 고민하는 사람이 있으면 내 나름대로 이해하고 함께 문제를 해결하여 서로 좋은 환경 속에서 일하고 싶다는 바람이 마음속에 자리하고 있다. 팀 인원 중에는 오랜 연구의 압박감 때문에 정신적으로 손상을 입은 사람이 생기기도 한다. 정신적으로 아픈 사람이 있는지 없는지, 나는 항상 주의 깊게 지켜보고 있다. 연구는 자연스럽게 이루어지는 체제와 환경을 형성하는 것이 중요하다. 만일 정신적으로 힘들어하는 사람을 발견하면 나는 바로 그 사람과 이야기를 나누면서 고민이 해결될 수 있도록 애쓰고 있다. 물론 그 사람이 병적인 문제를 안고 있다는 식으로 대화하는 것이 아니라, 그저 세상 돌아가는 얘기를 하면서 의욕을 불어넣을 수 있는 상황을 만들려고 노력한다.

나는 연구실 학생들에게 꼬치꼬치 잔소리하지 않는다. 그들은 자발적으로 일하고 있다. 자연스레 모두가 스스로 할 수 있다. 그러한 분위기가 굉장히 중요하다. 나는 매일 학생들과 점심을 같이 먹는다. 그런 식으로 매일 학생들과 반드시 접촉하고 있다. 그래서 그들이 어떻게 토론했는지, 그날 무엇을 했는지 알려고 하고 있다. 물론 연구뿐만이 아니라 마음의 문제와 경제적인 고민에도 신경 쓰고 있다. 게다가 학생들이 질문을 하기도 하고 내가 물어보기도 하면서 항상 연구실에서 매일 일어나는 일을 파악한다. 게다가 여러 가지 계약을 맺고 있는 기업과 회의가 있을 때는 반드시 담당 학생을 몇 명 함께 데리고 간다. 이는 학생에게 매우 의미 있는 일이다. 그래서 계약을 맺을 때도 돈의 흐름이나 쓰임이 어떻게 되는지를 포함해서, 나는 학생들에게 모두 공개하고 있다. 언제든지 학생들이 이해할 수 있게 하기 위해서 내 사생활도 숨기지 않고 있다.

학생들이 이러한 내 방식을 나의 이름을 따 '혼마이즘'이라고도 부르는가 보다. 이렇게 서로 신뢰하는 관계가 이루어져 있다. 동문회를 열어도 150명 정도 되는 인원이 쉽사리 모인다. 졸업생들이 연구실에 힘을 빌려주는 경우도 자주 있다. 그런 모습을 보고 다른 교수들도 놀란다. 다른 교수들은 나의 팀이 잘 뭉치는 모습을 보고는 어떠한 방법으로 팀워크를 형성하는지에 관심을 갖는다. 혼마 팀은 환경을 만드는 데 중점을 두고 있다고 말해 주면, "설마 고작 그런 이유로 이렇게 잘될 리가!" 하면서 이번에는 학생들에게 묻는다. 나의 연구실은 규모는 작지만 의외로 실적이 꽤 있다. 교수들 중에는 내가 실적으로 학생을 이용하고 있다고 말하는 사람도 있다. 나는 학생을 육성하는 일에 몰두하고 학생을 어떻게 산업계로 내보낼까, 그러기 위해서는 학생을 어떻게 지도해야 하는지를 기본으로 삼아 연구를 하고 있다. 학생들의 환경을 가장 먼저 생각하기 때문에 분명 학생들과의 사이에 신뢰 관계가 구축되어 있다고 생각하지만 어쨌든, 의아하게 생각하고 있는 교수들은 이러한 배경을 이해하지 못하기 때문이리라.

인지형이 아닌 이해형 인간을!

대학 연구회에서 2007년에 발생할 수 있는 문제가 화제로 떠오른 적이 있다. 2007년에는 18세 인구가 약 100만 명이 된다고 한다. 이는 위험한 일이다. 베이비 붐 세대인 1992년 대학 수험자가 200만 명을 넘었던 기억이 난다. 인구가 많던 상황에 맞춰, 게다가 더욱 증가할 때를 대비하여 문부과학성 지원으로 새로운 대학이 창설되고 기존 대학에서는 학부가 신설되었다. 그런데 막상 뚜껑을 열어 보니, 저출산 고령화가 가속화 되고 있다. 현재의 대학 수험자는 약 120만 명이라고 한다. 결국 취학 인구는 줄어든다고 하지만 이는 심각한 사태다. 우리는 이러한 상황에서 어떻게 살아남아야 할까 하는 문제에 대해 지금부터 대책을 세워야 한다.

연구회에서 2007년 문제를 주제로 삼은 예비교† 교수가, 국립 대학은 고도의 기술자를 양성해야 한다는 이유로 대학원에 힘을 실어 주고 있지만 현재의 대학원생 중에는 업적을 낼 수 있는 인재가 거의 없다는 것이 문제라고 주장했다. 심각한 문제다. 이 문제에 관해서 나는 대학 측의 수험 체계에 원인이 있을지 모른다고 생각한다. 옛날의 시험 문제는 '이러한 질문에 대해 말해 보시오.'라는 서술식이었다. 현재의 시험 문제는 컴퓨터용 마크 용지 방식이다. 베이비 붐에 의해 수험자 수가 늘어났기 때문에 금세 해답을 바로 낼 수 있는 시험 문제로 바꾼 것이다. 수험자 측은 효율성 있게 답을 골라야 합격 여부가 결정되므 [†] 일본에서 각종 시험에 응시하는 자에게 미리 지식과 정보를 제공하는 상업적 교육 시설. 로 문제를 보고 어떻게 효율성 있게 풀 것인가 하는데 열중한다. 이러한 시험 체계는 이른바, 구조를 알면 된다는 효율을 중시하는 '인지형' 인간을 만들어 왔다.

하지만 결국 연구해서 업적을 내는 기술자가 될 사람은 일의 과정과 내용을 깊이 이해하고 받아들이는 '이해형'이다. 공학부는 '이해형'을 추구하고 있는데 현재의 시험 문제에서는 '이해형' 인간이 배제되고 있다. '이해형' 인간이 필요하다. '이해형'인 사람들이 공학에 있어 새롭고 다양한 발견을 해 나갈 수 있다. 해답이 몇 가지나 있을지도 모르며, 어쩌면 한 가지도 없을 수도 있다. 또한 정신이 아득해질 정도로 오랜 기간에 걸쳐 연구해야 하지만 이러한 상황을 납득하고 열심히 해 나간다. 혹은 하나의 정해진 관점이 아닌, 조금 다른 측면에서 보는 사람도 필요하다. 나도 실제로 연구실에서 학생을 키우는 데 효율을 중시하기보다는 제대로 납득하고 자신이 연구하고 있는 주제, 또는 주제에 부가되어 있는 내용까지 모두 의논하면서 진행하고 있다. 그러한 방법이 새로운 발견으로 연결되기 마련이다.

또한 수험 체계도 문제를 안고 있다고 지적되고 있으니, 대학 측도 바뀌어야 한다. 대학에서 무엇이 매력인지를 대학 측이 의식해야 한다. 나는 누구에게나 항상 '뜨뜻미지근한 물은 안 된다'고 말하곤 한다. 심지어는 학장에게도 이 말을 하는데 좀 처럼 이해를 해 주지 않는다. 튀어나온 말뚝이 얻어맞을지도 모르지만, 너무 튀어나온 말뚝은 더 이상 맞지 않는다. 나는 실적을 올려 이미 너무 튀어나온 말뚝이 되어 버렸기 때문에 옳다고 생각하는 일을 과감하게 자꾸 주장하고 있다. 지금 어떻게 해야 대학이 살아남을 수 있는지를 진지하게 고심하지 않으면 안 되기 때문이다. 나는 '파레토의 법칙'에서 보듯이 핵심이 되는 교수가 한 개 대학에 세 명 정도 있으면 이상적이라고 자주 강조한다. 이는 내가 몸담고 있는 대학에만 해당하는 이야기가 아니라 어느 대학에서도 마찬가지다. 대학은 지금 이대로는 살아남을 수 없을 것이다. 위기를 뛰어넘기 위해 무엇을 해야 하는지를 빨리 고민하고 바뀌어야 한다.

어학 능력을 더욱 활용하면 원윈 관계도!

공학을 연구하는 데 영어는 꼭 필요하다. 현재 나는 학생들을 학부생과 대학원생, 이렇게 두 개의 그룹으로 나누어 지도하고 있다. 학부 학생은 아직 영어 이해력이 낮기 때문에 항상 대학원 학생을 한 명씩 붙여 지도하도록 하고 있다. 학부생은 대학원생이 지휘하여 윤독을 하는 형태로 영어 강독회를 시키고 있다. 대학원생 또한 학부 학생을 가르치는 과정에서 자신의 실력도 향상된다. 그리고 내가 한 달에 한 번 강독회를 확인하고 교재를 권하기도 한다. 그렇게 하다 보면 학생들의 실력이 금세 향상된다. 물론 대학원생에게도 가르치는 역할을 부여하기만 하는 것이 아니라 매일 청취를 비롯해 영어 공부를 시키고 있다. 공학을 연구하는 사람은 실험만 하면 되는 것이 아니라 해외의 문헌을 읽어야만 하기 때문에 영어 실력이 꼭 필요하다.

40년쯤 전의 다양한 연구는 역시 유럽과 미국에서 들어온 것이 많았다. 또한 당시 세계 최초로 개발한 플라스틱 도금 처리 기술이 우리 학교와 회사의 실적이라는 자부심도 있어, 우리가 추구하고 있는 연구와 해외의 연구를 비교한 경우, 세계의 흐름 속에서 우리의 실력이 어느 정도 되는지를 알 필요가 있었다. 나는 예전부터 영어를 좋아했지만 해외의 연구 논문을 완전히 이해할 수가 없었기 때문에 그때부터 논문을 읽고 공부를 시작했다. 강독회에 대학원생을 참가시키는 것은 나의 경험에 근거한 방법이다. 내가 대학원에 들어갔을 때, 나 역시 교수에게 일임 받아 학부생을 맡아서 가르쳤다. 나는 학부생을 가르치면서 나의 어학 실력을 단련해 나갔던 경험을 되살리고 있다. 이는 어학력을 기르는 매우 좋은 방법이다. 그래서 대학원생에게 일주일씩 교대로 학부생에게 영어를 가르치도록 설득하고 있다. 대학원생에게는 상당히 큰 부담감이 되겠지만, 반면에 보람도 있어 15명이나 되는 대학원생이 부산에서 열린 학회에서 연구 논문을 발표할 수 있게 되었다. 영어 실력이 눈에 띄게 향상되고 있다는 반가운 증거다.

그 외에도 영어 학습으로 간토가쿠인 대학에서 비상근직으로 일하고 있는 원어민 교수에게도 도움을 받고 있다. 그 교수는 우연히도 화학에 관해 잘 알고 있었다. 그래서 그 교수에게 영어에 관해 도움을 청하자 "꼭 하게 해 주세요."라고 대답하고는 일주일에 한 번 연구실로 오게 되었다. 원어민 교수는 우리가 실시하고 있는 프레젠테이션의 영문을 수정해 주거나 논문을 첨삭해 준다. 그 교수의 지도 덕분에 현재 학생들의 실적이 부쩍 늘고 있기에 앞으로 오랫동안 마라톤과 같이 꾸준히 해 나가고 싶다. 최소한 그 교수가 일본에 있는 동안은 계속해서 이 관계를 유지해야겠다고 마음먹고 있다. 또한 연구소의 교육 과정 중에도 영어 첨삭 서비스를 바탕으로 프로그램을 짜 넣으려고 구상하고 있다.

이런 생각을 하게 된 데는 요시노 덴카 공업의 요시노 간지 (吉野寬治) 사장의 일도 하나의 계기가 되었다. 내가 요시노 사장과 알게 된 미국 해외 연수 때, 내 은사인 나카무라 교수는 통역을 전문가에게 의뢰하면 비용이 비싸기 때문에 나에게 통역을 하도록 시켰다. 하지만 그때는 아직 내 영어 실력이 불안했기 때문에 여행 가이드와 통역을 겸하는 사람을 오게 했더니 역시나 매우 비싼데다가 그 사람은 전문 용어를 전혀 몰랐다. 그 당시 법학부 출신인 요시노 사장은 공학 전문 용어를 잘 알지 못했고 반면에 나는 용어는 알지만 영어를 잘하지 못하는 상태였다. 그러한 관계로 몇 년이나 함께 하는 동안에 요시노 사장의 공학에 관련된 영어 실력이 향상되었다. 표면 처리 업계에서 현재 요시노 사장 이상으로 영어에 뛰어난 사람은 없지 않을까 할 정도로 그는 실력이 있고 매우 열심이었기 때문에, 일본 내에서도 해외에서도 유명해졌다. 요시노 사장처럼 영어도 할 줄 알고 다른 여러 가지를 알고 있으면 관련 회사의 팸플릿 작성이나 외국에서의 상품 설명, 학회에서의 발표 등 다양한 업무를 해야 할 때 전문 통역가의 힘을 빌리지 않고도 첨삭하여 깔끔하게 일을 마무리 지을 수 있다.

이러한 흐름을 교육에 적용하여 프로그램을 편성하고 가르친다. 그리고 첨삭 작업으로 들어온 수익금을 모두 영어 지도 교수에게 건넨다면 양쪽 모두에게 윈윈(win-win)의 관계가 성립된다. 또한 그 첨삭 작업을 보조하는 사람은 자신의 영어 실력을 늘리게 된다. 어학에 관련하여 이러한 구조를 체계적인 형태로 갖추어갈 계획이다. 비즈니스 형태로 하지 않고 어디까지나 서비스 같은 형태로 실시하고 싶다. 그러고 보면 이러한 구상도 반짝 떠오른 나의 아이디어다. 평소 어떤 일에든 푹 빠져 줄곧 학생 교육을 생각하다 보면 우연한 순간에 영어 첨삭 서비스라는 우리의 산학 협동의 관계를 활성화하는 좋은 발상까지도 생겨나는 것이다.

공학자의 사고법

추구해야 할 기술의
방향성을 가리키다

제 6 장

연구자에게 요구되는 자세

근래 일본인 노벨상 수상자의 연구가 실험 연구하는 과정에서 우연히 발견된 데서 비롯되었다는 사실을 많은 사람이 알고 있을 것이다. 나도 40년간의 연구 생활을 뒤돌아보니, 역시 예상 밖의 실험 결과가 새로운 발견으로 연결된 일이 많았다. 이렇게 발견에는 우연이 따른다. 하지만 우연만으로 새로운 발견이 가능할까. 우연과의 만남에는 호기심과 통찰력이 필요하다. 호기심과 통찰력이 없으면 눈앞의 실험 결과를 단순한 실험 결과로 처리하고 말아 새로운 발견으로 이어지지 않기 때문이다.

청색 LED 발명의 지불 대가를 둘러싼 나카무라 재판에 관해서 앞서 서술한 바 있다. 청색 LED는 굉장한 발명이다. 하지만 그 발명이 과연 나카무라 슈지 교수 혼자 이룬 업적일까. 수많은 발상은 분명 개인의 감각에서 생겨난다. 하지만 그 감각을 핵심으로 하여 많은 사람이 관련되어 착실한 실험을 반복하고 토론에 근거한 개선을 거듭하여 완성도가 높아지는 것이다. 그래서 겨우 실용화에 다다르기 마련인데 대부분 5년에서 10년이라는 오랜 세월을 그 실용화 과정에 쏟아 붓고 있다.

그렇기에 나는 연구 성과가, 연구에 관여한 모든 사람의 업적이라고 생각한다. 팀플레이라는 사실을 평소에 늘 의식하고 있으면 발명이 실용화로 이어졌을 때 서로 함께 감사와 기쁨을 나누게 된다. 그래서 보수도 개인뿐만 아니라 팀 차원에도 상응하는 대가가 지불될 필요가 있다. 다만 발명을 금전만으로 평가하는 시각은 상당히 문제가 있다. 돈에만 휘둘리는 사람도 나오기 때문이다. 돈에만 마음을 빼앗기면 풍부한 발상이 떠오르지 않게 되지 않을까 걱정이다. 발명은 어디까지나 순수한 것이라고, 나는 믿고 있다. 실제로 발명이 탄생한 과정을 많이 알고 있는데, 그룹으로 연구를 시작한 경우에 우연히도 번뜩이는 실험 결과를 얻는 사람은, 그룹 내에서 특히 진지하고 적극적인 자세로 연구에 관여하고 있는 개인인 경우가 정말로 많다.

우연의 발견

'세렌디피티'와 만나라!!

이미 15년쯤 전에 '세렌디피티'에 관해 소개한 적이 있다. 세렌디피티(serendipity)는 '세렌딥(serendip)의 세 왕자'라는 동화에서 유래한 용어다. 왕이 왕자들에게 여행을 하게 했는데 왕자들이 여행 중에 우연히 여러 가지 가치를 발견한 데서, 생각지도 않았던 것을 우연히 발견하는 능력이나 행운을 부르는 힘을 표현하는 조어로 생겨났다. 나는 20년도 훨씬 더 전에 이토카와 히데오 교수의 기술에 관한 계몽서에서 처음으로 이 용어를 알게 되었다. 당시 일본에서는 이 용어가 아직 사용되지 않았다. 나 자신도 연구하는 과정에서 많은 우연을 만났고 그 우연한 발견을 토대로 하여 이후 큰 기술의 발전으로 이어졌기 때문에 적당한 기회가 있으면 세렌디피티라는 말을 소개하고 싶었다. 이 바람은 15년 전 학회지의 머리말을 써 달라는 의뢰를 받았을 때 실현할 수 있었다.

　　최근에는 노요리 료지(野依良治) 교수[†], 시라카와 히데키[†](白川英樹) 교수, 고시바 마사토시[†](小柴昌俊) 교수, 다나카 고이치[†](田中耕一) 씨 등 노벨상 수상자의 연구가 우연한 발견에서 비롯되어 진행된 것이라고 소개되고부터 세렌디피티라는 말이 유명해졌다. 고시바 교수의 중성미자 발견, 다나카 씨에 의한 단백분자의 질량 분석 방법 발견, 시라카와 교수의 전도성 고분자 발견, 노요리 교수의 비대칭 촉매 합성 발견 등, 노벨상으로 빛나는 이들의 연구는 모두 실험 연구하는 과정에서의 세렌디피티가 계기가 되었다.

이렇듯 발견에는 우연이 따르는데, 그렇다면 과연 우연만으로 새로운 발견이 가능할까. 지금까지 나 자신도 40여 년간 몇 가지를 발견해 왔지만 나 역시 예상 밖의 실험 결과가 새로운 발견으로 이어지곤 했다. 우연과의 만남도 왕성한 호기심과 깊은 통찰력이 없으면 아무 소용이 없다. 눈앞에 발견의 기회가 될 만한 현상이 일어나도 그것을 받아들일 마음의 준비가 되어 있지 않으면 아무런 발견도 이루어지지 않는다.

애노드백과 광택제

표면 처리의 영역에 있어서 우연한 발견의 실례로서 꽤 유명한, 황산구리 도금의 광택제부터 이야기를 시작해 보자. 황산구리 도금의 주요 성분은 황산구리와 황산, 그리고 미량의 염소이온으로 구성되어 있다. 현재는 그중에 몇 종의 첨가제가 광택제, 윤활제로서 첨가되어 있다. 나카무라 미노루 교수에게 몇 번이나 들은 바로는, 플라스틱 도금의 개발 초기에 문제점이 여러 개 있었다. 그중에서도 특히 고생한 부분이 광택 황산구리 도금이었다고 한다. 당시의 고생담은 『하면 된다! 도금에 바친 인생 50년』에 쓰여 있으니 인용하면서 말해 보고자 한다.

우리 대학의 사업부에서 세계 최초로 플라스틱 도금의 공업화가 이루어지던 42~43년 전에는 광택이 나는 구리 도금을 하지 못하면 표면을 연마해야 했기 때문에 애써 플라스틱 도금을 한 보람이 없었다. 1964년 나카무라 교수가 미국에 시찰하러 갔을 때 세인트루이스 전시회에서 광택 산성구리 도금에 사용하는 광택제 UBAC(미국 유디라이트 사 제품)가 소개되었다. 귀국 후 에바라(荏原) 유디라이트(주)에 문의했더니 샘플로서 조금밖에 재고가 없다고 했다. 그만큼이라도 좋으니 보내 달라고 부탁해 겨우 구입해서는 광택제의 효과를 시험했다. 광택제를 첨가해 보니 확실히 도금 피막의 광택도 좋고 유연성도 있었다. 이로써 문제가 해결되나 싶었으나 기쁨도 잠깐, 사용하는 중에 피 같은 미세한 양극슬러지가 나와 면이 거칠어졌다. 여과해 보았지만 도무지 깨끗이 걸러지지가 않았다. 이에 교수도 완전히 곤혹스러워하며 포기하고는 다른 광택제를 찾기로 결정했다. 그러던 중 우연히 책을 읽다가, 그것도 10년쯤 전에 쓰인 영국의 문헌에서 양극으로서 인을 0.1퍼센트 정도 넣은 동판을 사용하면 양극의 표면에 흑색 막이 생겨 슬러지를 방지할 수 있다는 내용을 발견하고는 "바로 이거다!" 하고 무릎을 쳤다고 한다.

하지만 일본에는 함인동판을 특별히 만들어 주는 곳이 없었다. 그때 "그렇지! 인청동으로 된 판을 사용해 보면 잘될지 아닐지 예측할 수 있을 거야." 하는 생각이 번뜩 떠올랐다. 정말이지 나카무라 교수답게 예비 실험도 하지 않고 도금조 전면에 인청동을 매달아 도금을 해 보았더니 동판에서는 빨간 피처럼 액면에 떠오르던 슬러지가 완전히 멈췄던 것이다. 이때 "됐다!" 하고 생각했다고 한다. 물론 한참 지나자 구리 도금액을 쓸 수 없게 되었다. 인청동 속의 주석이 용출되었기에 도금은 거무칙칙하게 되었다. 하지만 그 실험으로써 인을 넣으면 효과가 있다는 사실은 알게 되었다. 그러나 몇 퍼센트를 넣어야 좋을지 알지 못했다. 그래서 후루카와(古河) 전기 공업 주식회사 연구소장인 후배에게 인의 함유량이 각기 다른 동판 몇 장을 제작해 달라고 부탁하여 기초 실험을 했더니 0.06퍼센트가 최적이라는 사실이 밝혀졌다. 당시는 지적 소유권을 의식하지 않고 동합금 제조 회사에 이러한 물질을 만들어 달라고 부탁했던 일까지 교수는 기억하고 있다고 한다. 교수는 당시 우연히 영국의 문헌을 보고 전극을 만들었을 뿐, 자신이 연구 개발한 것은 아니라고 하면서 학회에는 발표하지 않았다. 하지만 발안자는 교수이며 이 개발이 없었다면 오늘과 같은 광택 황산구리의 육성은 없었을 것이다.

그런데 UBAC라는 광택제는 유디라이트 사에서 50년도 더 이전에 우연히 발견한 것이다. 어느 날, 시험 공장에서 황산구리 도금의 가공을 했을 때 나카무라 교수가 경험한 것과 같이 애노드(양극)에서 구리의 슬러지 모양의 침전이 생겼던 것이다. 그래서 그 슬러지가 용액 속에 뿌옇게 섞이지 않도록 낡은 스웨터의 소매를 잘라 소매 입구를 묶은 뒤에 애노드백[†]의 대용으로 사용했다. 그러자 지금까지 보지 못했던, 광택 외관이 뛰어난 도금을 얻을 수 있었다. 스웨터에서 용출된 청색 염료가 광택제의 작용을 했던 것이다. 이 우연한 발견을 바탕으로 이후 많은 염료의 광택에 대한 효과를 철저하게 조사하여 특허 출원을 했다. 이 발견을 계기로 그 회사의 황산구리 도금 기술은 크게 발전했다. (2005년 12월)

나카무라 소송에 관련하여

연구 성과는 누구 덕분인가?

청색 LED의 발명자인 나카무라 슈지[†] 교수가 예전에 근무하던 니치아(日亜) 화학 공업에 수백억 엔의 발명 대가를 청구한 소송은 니치아 화학 측이 8억 4391만 엔을 지급하는 조건으로 마무리되었다. 이 합의에 응한 원고인 나카무라 교수는 도쿄 도내에서 기자 회견을 열어 "이 합의 내용은 100퍼센트 내가 진 것이다. 합의하도록 내몰려 화가 머리끝까지 난다."라고 소감을 밝혔다. 또한 합의금에 관해서도 "재판관은 말도 안 되는 금액을 제시하며 화해하라고 종용

† anode bag: 양극의 주위에 덮는 백으로 양극에서 반응 생성물의 확산을 억제하는 효과가 있다.
† 전자공학자. 2014년 노벨물리학상 공동 수상.

했다. 일본의 사법 제도는 썩었다." 하며 분개했다. 나카무라 교수는 이어서 "능력이 있는 사람은 미국으로 건너오면 좋다."고 내뱉듯이 단언했다. 소위 나카무라 소송에 대한 재판이 시작되고 나서 기술자의 처우에 관해서 니치아 화학 공업 외의 기업에서도 상당한 대가의 지불을 둘러싼 전 근무자와의 소송이 빈번히 일어났고, 특허의 보상 제도를 수정하는 기업이 잇따라 생겼다. 대부분의 기술자는 일련의 재판을 어떻게 보고 있었을지 궁금했다. 실시된 앙케트 결과에 따르면, 나카무라 재판이 '의미가 있었다.'라는 의견이 89퍼센트 나왔으며, 발명에 있어서 기술자의 공헌도는 '5~20퍼센트의 범위가 적당하다'는 의견이 가장 많았다. 또한 '일본은 이후 지적 재산 입국이 될 수 없다.'는 부정적인 의견이 52퍼센트로 올라가는 등 특허에 얽힌 과제가 아직도 산처럼 쌓여 있다는 사실도 부각되었다. 청색 LED는 전기를 통하면 파랗게 빛나는 반도체로, 지금까지는 적색과 녹색에 관해서는 발광 강도가 충분했지만 청색만은 강도를 높일 수 없어서 모든 색을 컬러화하는 데 애를 먹고 있었다. 한 20년쯤 전에 하와이에서 열린 미일 합동 전기 화학 학회에 참가했을 때 나

의 전공 분야와는 다르지만 디스플레이 쪽에 관심이 있어서 그에 관련된 토론을 들으러 갔다. 당시 저명한 교수가 청색은 강도가 나오지 않으며, 강도가 오르면 모든 색상의 컬러화가 가능하다고 역설했다. 따라서 이 발명으로 모든 색상을 표시할 수 있게 되었다. 청색 반도체는 휴대 전화 등 소형 액정 화면의 백라이트, 차세대 DVD, 기타 넓은 영역에 사용된다. 현재의 시장 규모는 연간 약 3천 억 엔이라고 하는데, 2010년에는 1조 엔에 이를 전망이다. 니치아 화학 공업 사장은 "청색 LED는 나카무라 씨 혼자만이 아니라 많은 사람들의 노력과 연구에 의해 실용화된 것이다."라고 말했다. 나 또한 같은 생각이다.

자화자찬 같아 송구하지만, 우리도 플라스틱 도금을 비롯해 시안 처리법의 확립, 각종 폐액 처리법 및 리사이클 시스템, 고속 무전해 구리 도금의 개발, 프린트 배선판 제조 프로세스, 합성 도금, 최근에는 전자 실장(實裝)에 관련된 여러 가지 개발과 같이 창조성 높은 개발의 실적을 올렸다. 대부분의 새로운 발상은 틀림없이 개인의 감각에서 탄생하지만, 이들 사고를 핵심으로 하여 그 다음에는 모든 연구원과 학생들의 꾸준한 실험, 토론에 근거한 개선과 개량, 게다가 관련 기업과의 협력 관계에 의해 완성도를 높이게 되는데 대부분의 경우, 실용화에 이르기까지 5년에서 10년이 걸린다. 발명을 금전으로만 평가하게 되면 순수하게 개발에 몸담아 온 연구자와 기술자가 돈의 노예가

되어 풍부한 발상이 나오기 힘들어지지 않을까 걱정스럽다. 확실히 이러한 능력에 상응하는 대가는 필요하지만 개인에게뿐만이 아니라 팀에도 그에 상응하는 대가를 지급하게 된다면 기업은 물론 개인도 경제적으로나 심적으로 모두 풍요로워질 것이다. 분명히 나카무라 씨의 발명에 대한 대가로 당시 2만 엔밖에 보상금이 나오지 않았던 데는 큰 문제가 있다. 그렇다고 해도 나카무라 씨가 개발에 관여한 후에도 아직 해결해야 할 문제가 많이 남아 있어, 수많은 기술자가 실용화를 위해 검토를 거듭해 왔다. 경위를 전부 알지 못하면서 언급하는 행동은 자제해야 하겠지만 벤처 기업처럼 자신의 회사를 만들어 연구에 몰입한 경우와 달리, 샐러리맨 기술자의 경우는 그 기업에 들어가서 처음으로 개발 주제를 알게 되는 경우가 많아, 회사의 요청에 근거하여 개인 또는 그룹으로 연구를 시작하기 마련이다. 게다가 대부분의 발명은 적극적으로 진지하게 연구하던 개인이 신의 계시처럼 우연히 반짝 떠오른 아이디어를 얻어 생겨날 확률이 높다.

지금까지 몇 번이나 말했지만 100개의 큰 발명 중에서 하나 또는 둘만 이론을 근거로 할 뿐, 대부분은 우연과 모방이 큰 발명으로 연결된다. 더욱이 실용화에 이르기까지는 많은 기술자가 참여하게 된다. 연구 성과는 개인 혼자만의 업적이 아니라 그에 관련된 모든 사람들의 업적이며 팀플레이다. 평소에 항상 그러한 의식을 지니고 연구에 임하면 연구가 결실을 맺었을 때 그에 관여한 모든 사람들에게 감사할 수 있지 않을까. 그러고 보니 또 하나의 사례로서 인공 감미료 특허에서는 일련의 재판에서 제소한 당사자가 친구를 모두 잃었다고 한다. 나카무라 씨도 예전에 근무하던 기업에서는 아무도 이해해 주는 사람이 없지 않을까. 참으로 쓸쓸한 일이다.

지적 재산권이 보호되는 시대로

지적 소유권의 보호에 관한 세계적인 동향으로서, 개발형 기업에서는 지적 재산권 전체에 관한 포괄적인 규정과 보상금 기준을 정비하기 시작했다. 일본에서는 연구자나 기술자에 대한 보수가 금융 관계의 비즈니스와 비교했을 때 확실히 낮다. 청색 LED의 특허가 출원된 1990년 시점에서는 대부분의 기업에서 특허권의 보호에 관한 명확한 사내 규정이 없었다. 특허법에서 업무상 행한 '직무 발명'에 관해서, 특허를 받을 권리는 발명자 자신에게 있고 기업은 사원에게 '그에 상당하는 대가'를 지불하면 특허권 자체를 취득할 수 있다고 되어 있으나 그 대가의 구체적인 기준이 없었다. 그래서 늘 이 애매한 규정이 분쟁을 초래하는 원인이 되었다.

최근에는 나카무라 재판이나 그 밖의 몇 개 기업에서의 특허 재판에서 개발에 관여한 사원에게 보상하는 구조가 도입되어 확충되는 추세에 있다. 우리 연구소에서도 현재 발명에 관한 규정을 작성하고 있다. 이와 같이 일본도 지적 재산권을 유효하게 전략적으로 활용하려는 움직임이 확산된 데다 연공서열에서 능력주의로 바뀌어 가고 있다. 정부는 일본의 산업 경쟁력을 높이기 위해 지적 재산 기본 법안을 국회에 제출하고 시행을 목표로 하고 있다. 이번 나카무라 재판을 계기로 볼 때, 특히 개발형 기업에서는 개발자의 권리를 존중하고 연구에 몰두할 수 있는 환경을 갖추는 일이 시급하다.

　　나 자신도 상당한 수의 특허를 신청하고는 있지만 지금까지는 모두 방어적인 의미의 특허였을 뿐, 특허를 이용해 적극적으로 수익을 올리려고는 하지 않았다. 오히려 지금까지는 특허를 신청하고 취득하기보다도 학회에서의 강연이나 학회지에 개발 내용을 투고함으로써 그 내용이 환경 관련, 표면 처리 관련, 실장 관련한 산업계에 공헌해 왔다고 자부하고 있다. 하지만 앞으로는 지적 재산권을 지키고 적극적으로 전개해야 하는 풍조로 바뀌었다. 이 시대적 흐름 속에서 교육자의 입장에서 생각할 때, 연구실과 연구소가 한마음이 되어 우선 산업계에서 매력을 느낄 수 있는 학생을 육성하는 일이 가장 중요한 사명이라고 생각한다. 각 기업은 지금까지와 같이 신입 사원을 장기적으로 연수시킬 여유가 없어졌기 때문에 처음부터 더욱 능력 있는 학생을 원하고 있다. 이 기대에 부응해야 한다는 것을 항상 의식하고 연구 내용도 각 기업과 연계하여 수년 후 실용화할 수 있는 주제를 비롯해 대학의 연구 기관에서밖에 할 수 없는 장기적인 주제를 설정하고 있다. (2005년 2월)

특허에 대한 사고

특허에 관해서, 이것도 저것도 뭐든지 다 특허라고, 지금까지 해오던 방식을 주장하는 기술자가 의외로 많다. 기업에서는 특허의 취득 여부를 실적으로 판단해 왔기 때문일까. 특허의 실상을 살펴보면 어이가 없다. 옥과 돌이 뒤섞인 상태라면 그나마 낫지만, 내용이 "이게 특허를 받았다고?" 하고 생각되는 돌멩이 이하의 하찮은 주장이 많은 데는 진력이 난다. 그래서 나는 특허를 신청하기는 하지만 전혀 검색하지 않으며 참고로 한 적도 없다. 특허를 신용하지 않게 된 계기가 있었다. 40년쯤 전에 혼합촉매의 연구를 하고 있을 때, 어느 선배가 당시 청사진†의 글씨가 희미한 특허의 복사본을 보고 하라며 건네 주기에 받아서는 참고로 하여 연구한 적이 있다. 힌트가 된 점은 있었던 것으로 기억하지만, 그대로 따라 그려도 그걸로 연구가 제대로 되지는 않는다. 핵심이 되는 사항은 숨겨져 있기 마련이다. 그 이후 특허를 받았다고 해서 참고로 삼는 내 모습이 한심하게 느껴져나 스스로 독창성이 높은 연구를 해야겠다고 생각하게 되었다. 그러는 편이 보람도 있고 충실감도 있다.

공학자의 사고법

이러한 사고가 깊어져 실은 문헌도 † 건축이나 기계의 도면을
복사하는 데 쓰는 사진.
거의 읽지 않는 버릇이 생겼다. 원래부터
선배들이 쓴 논문을 참고로 하여 연구를 한 적이 없기 때문에
참고 문헌을 읽어도 과거의 일반적인 개발 상황을 보여주는 정
도로만 여기는 이상한 습관이 붙었던 것이다. 개중에는 나 같은
연구자가 있어도 좋다고 믿기에 굳이 지금까지의 방식을 바꾸
고 싶지는 않다. 학생들에게는 이 세상에서 동시에 같은 아이디
어를 내는 사람이 세 명은 있을 것이라고 자주 이야기한다. 다
만 내가 문헌을 읽는 이유는 학생에게 영어 실력을 붙여 주어야
하기 때문인데, 그때마다 가능한 한 최신 논문 중에서 학생들의
관심을 끌 만한 내용을 골라 낸다. 그래서 내 책상 위에는 언제
나 새로운 논문이 포장된 채로 놓여 있다. 게다가 해외의 논문
은 모두 배편으로 입수하기 때문에 3개월 정도 늦게 받는다. 새
로운 정보, 최신 뉴스, 신기술이나 서비스에 관한 소재는 보다
정면으로 마주쳐서 확보하고자 하며, 더욱이 기술자와의 교류
를 적극적으로 하고 있다. (2004년 11월)

원자력 발전소 사고

원자력에 의존하는 현재의 상황

8월 9일, 미하마(美浜) 원전 사고가 일어났다. 게다가 나가사키 (長崎)에 원자 폭탄이 투하된 지 59년째, 바로 그 원폭 기념일에 사고가 일어난 탓에 원자력 발전의 위험성이 새롭게 문제로서 대두되었다. 이는 몇 년 전에 발생했던 나트륨 누출에 이은 대형 사고다. 일본의 발전 전력량의 구성비를 살펴보면 원자력 발전은 약 37퍼센트에 달한다. 원자력 발전의 에너지 효율이 높아서 일본의 각 전력 회사는 원자력 발전을 적극적으로 추진해 왔다. 하지만 1979년 미국 스리마일 섬에서 일어난 원전 사고, 1986년 우크라이나 체르노빌 원전 사고, 게다가 일본 각지의 발전소와 도카이 촌에서의 사고를 비롯하여, 이미 사용한 연료의 처리 문제부터 최근에는 정기 검사의 조작 등으로 신뢰를 실추시킨 사건이 연속적으로 일어났다.

일본, 한국, 체코 3개국은 합해서 10군데의 원전을 신규로 가동시켜 원자력 의존 비율이 높아질 전망이었다. 1999년 실적으로는 프랑스가 약 75퍼센트로 가장 원자력 의존 비율이 높았으며 그 다음으로 벨기에(58%), 스웨덴(46%), 한국(43%)의 순이었다. 일본은 헝가리와 나란히 약 37퍼센트의 의존 비율을 보였다. 스웨덴은 1980년에 국민 투표로 모든 원자력 발전소의 폐쇄를 결정했지만 그 후 산업 경쟁력에 미치는 영향 등을 고려하여 당초 2010년으로 설정했던 전체 원전의 폐쇄 시기를 뒤로 미뤘다. 독일에서 현재 가동 중인 원자력 발전소는 19기로, 수명을 30년으로 치면 가장 오래된 원전의 하나로서 1972년에 건설된 원전이 2002년까지, 그리고 1988년에 건설된 원전도 2018년도까지는 폐쇄될 예정이다. 이와 같이 세계적으로 원전은 점차 축소되어 가는 추세다.

허술한 안전 관리 체제

이번 미하마 원전 사고로 4명이 사망하고 7명이 중경상을 입었다. 터빈의 증기 누출로 일어난 사고인데 배관은 탄소강 재질이다. 본래의 두께는 10밀리미터였으나 사고 후에 파손 부위를 측정했더니 최소 1.4밀리미터까지 얇아져 있었다고 한다. 배관이 냉각수에 의한 부식으로 얇게 닳아 가는 현상이라고 알려져 있으며, 9일에 일어난 사고에서도 얇아진 배관이 압력에 의해 늘어나 '연성 붕괴'라는 파손을 일으켰을 가능성이 지적되고 있다. 배관이 두께 4.7밀리미터 이하가 되면 교환해야 하는데도 1976년 12월 가동 개시 후 한 번도 초음파 검사를 받지 않았으며 배관을 교환한 적도 없다는 사실이 보도되었다. 이것이 사실이라면 지금까지의 전력 회사 측의 수많은 조작과 은폐도 있었을 것으로 추측되니, 점점 원자력 발전에 대해 불안감이 심해진다. 국가의 안전 심사관에 의하면 이번에 파손된 배관은 이차 냉각수계라서 방사성 물질을 함유하고 있지 않기 때문에 원자로 등 규제법에 근거한 국가의 정기 검사의 대상이 아니라고 설명했다. 신문에 나온 파손 부위의 사진만 보아도 부식이 심하고, 비전문가의 눈에도 초음파 검사 외에 순환하고 있는 냉각수 중의 철이온 농도를 센서로 모니터링한다면 부식의 정도를 꽤 정밀하게 측정할 수 있다는 것을 알 수 있다. 이러한 종류의 사고는 미연에 충분히 방지할 수 있었을 것이다.

'하인리히 법칙'을 아무리 말로 이해하고 있다 해도, 조작과 은폐의 습성, 하청업체와의 의견 대립이 있는 한, 앞으로도 사고는 항상 따라다닐 것이다. 원자력 발전은 원자 폭탄의 폭발 원리와 같다. 핵분열 반응을 제어하여 그때 나오는 열로 냉각수가 비등되고 증기화 되면, 그 증기로 발전 터빈을 돌려 전기가 생산되는 간단한 원리. 원리는 간단해도 실제 구조는 복잡할 뿐더러 재질도 부식이나 역학적인 내구성, 그 밖의 면밀한 설계 등을 감안하여 구성되므로 많은 기술자의 손을 통해 완성되는 것이다. 따라서 책임 체제와 위험 관리 체제가 분산되는 바람에 이번 사고로 이어진 것은 아닐까. 원자력 발전소에서는 일상적인 피폭, 방사능 누출 위험, 고열 수증기의 냉각 장치 파손에 의한 원자로 용해[†], 수증기 폭발 등의 위험성이 매우 높다. 한 번 큰 사고가 일어나면 되돌릴 수 없다. 특히 일본은 지진이 빈번

공학자의 사고법

히 일어나는 국가이므로 앞으로 더
많은 논의를 해야 할 것이다.

원자력 발전소의 비용

원자력 발전소는 이산화탄소의 배출량이 적다고 한다. 확실히
미시적(마크로)으로 보면 그렇긴 하지만, 거시적(마크로)으로
보면 어떨까. 우라늄 채굴, 정련, 농축, 수송, 방사성 물질의 처
리 등 전체적으로 생각하면 엔트로피(entropy, 무질서 정도)를
작게 하기 위해 막대한 에너지를 사용하고 있다. 그러므로 이산
화탄소의 배출만 해도 원자력이 풍력과 수력 발전을 웃돌 것이
다. 이렇게 우리의 생활을 지탱해 주는 원자력 발전소는 매우
손실이 큰, 고가의 에너지라고 할 수 있다. 또한 원자력 발전소
는 점검이나 사고가 일어났을 때에 대비하여 화력과 수력 등 비
상용 전원이 필요하다. 게다가 항상 변화하는 수요에 맞는 미묘
한 출력 조정이 불가능하므로 다른 전원과 맞춰 운전해야 한다.
따라서 원자력 발전소와 함께 화력 발전소도 반드시 필요하다.

올해 7월 하순부터 계속된 무더위 때문에 걱정했던 전력
의 한계치까지는 약간 여유가 있다. 대량 에너지 소비형의 제조
업이 해외로 옮겨 가고 또한 에어컨을 비롯한 여름 상품에 대해
에너지 절약 대책이 시행되어 온 결과인 것일까. 일본은 자원이
없으니 원자력에 대한 의존도를 높여야만 한다는 지식인들의

생각이 과연 이대로 좋을까. 추진파와 반대파의 대립은 점점 심해질 것이다.

조작, 날조, 기타 걱정거리

원전 사고에서 배관이 파열된 상황 사진이 너무나도 충격적이었기 때문에 원전에 관한 이야기가 길어졌는데, 일본의 제조업을 중심으로 한 산업 전체에 같은 문제가 내포되어 있는 것은 아닐까 걱정이 된다. 최근에 여러 기업에서의 데이터 조작, 날조, 은폐에 관한 뉴스를 듣다 보면 그냥 지나칠 수가 없다. 미쓰비시(三菱) 자동차의 리콜 은폐나 전력 회사의 데이터 조작, 양계장에서의 은폐, 유키지루시(雪印) 유업에 의한 집단 식중독 사건, 공장 폭발 사고 등, 소위 학생들이 쓰는 말로 "말도 안 돼!" 하듯이 믿을 수 없는 사건, 사고가 끊임없이 일어나고 있다. 이들 대부분은 미연에 방지할 수 있었던 사고다. 하지만 최근 10년 이상에 걸친 불황으로 인해 기술적인 면과 도덕적인 면이 모두 저하되어 사고가 빈번히 발생하니 꽤 심각하고 뿌리 깊은 문제가 아닐 수 없다.

은폐와 날조가 기업 전체로 확산되면 개개인의 정의감이나 도덕은 통용되지 않는 것일까. 어찌할 수 없는 큰 흐름 속에서 죄책감은 사라지고 마지막에는 익명에 의한 내부 고발에 의해 설마 하고 생각될 정도로 수많은 사건이 표면으로 떠오른다.

각 기업에서도 예의 하인리히 법칙까지는 아니라도 "이것은 좀 위험한데!" 하는 징조가 나타난 시점에서 바로 해결에 나서는 장치를 구축해 두어야 한다. 그동안 각 기업에서는 신규 채용을 억제하고 파견직 등 비정규 직원을 늘려 왔다. 또한 경영의 효율화를 위해 지금까지의 종신 고용 제도에서 벗어나 임기제나 계약제를 도입하고 있다. 그 밑바탕에는 인재는 유동적이며 직원에게 자기 책임으로 기능을 향상해야 한다는 의식을 깊이 심어 주려는 의도가 있는 것이리라.

　일본은 선진국 중 가장 직원의 교육에 비용을 들이지 않는 나라라고 한다. 또한 신규 채용의 억제, 그리고 파견 사원과 시간제 근무자에 대한 의존도가 높아짐에 따라 제조 현장에서는 제품의 품질에 큰 영향이 나타난다. 나를 만나러 오기로 한 기업의 기술자 중에도 제조 현장에서 품질 분쟁이 발생했다는 이유로 갑자기 약속 시간 직전에 방문을 취소하는 경우가 늘고 있다. 불량률이 좀처럼 낮아지질 않는다. 경영자의 대부분은 왜 불량률이 낮아지지 않는지, 현장의 관리자와 기술자를 질타하고 다독일 뿐이다. 제조 공장에서는 이러한 종류의 원인 규명에 나서는 기술자가 적어졌다. 또한 경험이 풍부한 50대 후반에서 60대, 일본의 제조업을 오늘날까지 높이 이끌어 온 기술자들의 대량 퇴직, 조기 퇴직이 일어나고 있는 상황이다. 경영자는 근시안적으로 인건비를 삭감할 수 있다고, 단기적인 이익 추구에만 눈을 돌리고 있어 몇 안 되는 기술자들의 부담이 커지고 있다. 따라서 직원의 기업에 대한 충성심은 크게 저하되고 또한 정규 직원과 비정규 직원 사이의 불협화음이 발생한다. 품질을 향상시키려면 이 벽을 어떻게 극복해 나가느냐가 관건이라고 할 수 있다. (2004년 9월)

환경의 변화를 돌아보며

나의 머릿속에 남은 전후의 공업화

이제 전후 60년이 되어 가는데, 50년쯤 전까지는 하천이 거의 오염되지 않았다. 내가 유치원에 다니던 때인지 초등학교 1~2학년 때인지 기억이 가물가물하긴 하지만, 1940년대 후반쯤에는 내가 살던 마을에서 2~3킬로미터 떨어진 역의 선로를 건너면 폭이 3~4미터 정도 되는 강이 흐르고 있었다. 그곳에는 콘크리트로 지은 공동 세탁장이 있었다. 당시 나의 행동 범위로 추측해 보건대 그 강 유역 약 1킬로미터마다 그런 세탁장이 있었던 것 같다. 강가를 걷다 보면 강물에는 날염된 직물이 물결을 따라 넘실거렸다.† 강물이 무척 맑아서 일요일이면 붕어 낚시를 하기도 하고 더운 여름날에는 헤엄도 쳤다. 이렇게 50여 년 전까지만 해도 일본 어디를 가나 사람들은 자연과 조화를 이루어 살았다. 현대처럼 자연이나 환경을 의식하지 않고도 완전히 자연에 스며들어 함께 어우러진 생활을 할 수 있었다.

† 직물의 날염 과정이 끝나면 마지막으로 수세(水洗) 과정을 거치는데, 지금은 근대적 기계를 이용하지만 과거에는 강물을 이용해 세척했다.

† Alumite: 알루미늄의 표면에 산화알루미늄의 막을 입혀서 부식이나 마모를 방지하는 금속.

† duralumin: 알루미늄에 구리, 마그네슘, 망간 등을 섞은 경합금으로 대개 항공기나 로켓의 구조재로 쓰인다.

그로부터 일본의 전후 부흥과 공업화가 단번에 진행되었다. 내가 살던 도야마(富山) 현은 다테야마렌포(立山連峰)라는 여러 산맥이 둘러싸고 있는 지형으로 수력을 기본으로 한 전력이 풍부하여 공업화에 최적의 입지 조건을 갖추고 있다. 알루마이트† 공장은 물론, 금속 가공, 의약품, 화학 약품, 식품, 펄프 공장 등이 들어서 있었다. 그래서 원료를 가공하여 제품을 만드는 과정에서 배출되는 가스나 폐수, 폐기물 때문에 그 무렵부터 급격히 환경이 나빠졌다고 한다.

그 시대를 설명하다 보니 생각났는데, 10년쯤 전 동창회에서 쥬라라는 특이한 이름의 여동생이 있는 동급생을 만났다. 아버지는 도야마 대학의 교수로 알루미늄 합금을 연구하고 있다고 했다. 두랄루민†은 이미 1906년에 독일인에 의해 개발되었으니 아마도 우리 동급생의 아버지는 전쟁 중에 항공기 재료의 제조 방법을 연구해 성공했고, 그 성공을 기념하여 '두랄루민'의 앞 글자를 따 자신의 딸에게 쥬라라는 이름을 붙였나 보다. 두랄루민의 앞부분이 일본어로 쥬라라고 발음되었으니까 말이

다. 그 여동생이 우리보다 두 살 아래니 아마 종전 무렵의 일이
었을 것이다.

또한 나카무라 교수는 대학 시절에 연구 조수의 형태로 도
야마 현 우오즈(魚津) 시에 있는 일본 카바이드(carbide) 공
업에서 일하게 되었다고 한다. 연구 내용은 잊어버렸지만 코니
칼 비커[†]에 몇십 개의 시료를 채취하여 몇 날 며칠 적정[†] 실험
을 했다고 한다. 따라서 당시의 학생은 교육 받았다기보다는 혹
사당했다고 할 정도다. 도야마 현은 전력이 풍부했기 때문에 전
쟁 중 혹은 전쟁 전부터 공업이 발달했다. 하지만 당시는 아직
제조 공정이 지금 같은 대량 생산 체제가 아니었기 때문에 어느
정도 자연스럽게 조화를 이루었고, 자연을 파괴할 단계까지는
이르지 않았다고 할 수 있다.

나의 기억을 더듬어서 되짚어 본 전후의 공업화 배경은 이
러했다. 사람마다 각자 자라난 지역의 자연환경이 어땠는지를
서로 이야기해 보는 것도 좋지 않을까 한다. 모처럼 기억이 되
살아났기에 덧붙이지만, 대학에 재학 중이던 때 몇 년 동안은
아사쿠사(浅草)에 살았다. 스미다(墨田) 강에서 퍼지는 악취는
엄청났다. 이른바 염기성 발효로 메탄가스와 황화수소가 발생
하여 학생복의 금 단추(놋쇠, 황동)는 금세 황화구리로 변해 새
까매졌다. 아사쿠사마쓰야 백화점 점원의 핸드백이나 그 밖의
다른 은 제품의 표면은 황화은이 되어 새까맣게 변색되었다. 하

공학자의 사고법

숙집에 놓여 있던 서랍장의 쇠장식은 구리 제품이 많아 전부 검은 빛이 났다. 하지만 그 무렵 대학 앞에 위치한 히라가타 만[†]은 약간 오염이 진행되어 있었던 듯은 하지만, 수영을 하려면 얼마든지 할 수 있었다.

† conical beaker: 원뿔 모양으로 위쪽이 좁고 아래쪽이 넓은 비커.
† 정량 분석에서 부피 분석을 위해 실시하는 화학 분석법.
† 平潟湾: 만의 남쪽은 1966년 메워져 가나자와 구 야나기초로 되었고, 현재 가늘고 긴 만이 남아 있다.
† 侍従川: 요코하마 시 가나자와 구를 흐르는 하천.

1970년쯤이던가, 대학원에서 매일 연구에 전념하던 시기에 대학의 큰길은 히라가타 만으로 이어져 있었기 때문에 점심 시간에 교수가 없을 때는 강에서 망둥이를 낚아와 튀김을 만들어 모두 함께 먹었다. 그때 사용한 냄비는 값비싼 대형 자성(磁性) 용기로, 연구용 목적이 아니라 오로지 망둥이 튀김 전용으로 사용했다.

그로부터 몇 년이 지나면서 공해 문제가 전국적으로 크게 대두되었고, 가까운 예로는 대학 앞의 만이 메워진 지 몇 년 후부터 썰물 때의 지주 강[†]은 스미다 강과 마찬가지로 황화수소의 악취가 진동을 했다. 또한 가까운 강가에서 낚시로 잡았던 망둥이는 종양이 있는 확률이 꽤 높아 기형 망둥이라고 소란이 일었다. 당시 학생들이 들고 일어섰던 환경 문제 제기에 따라 연구실을 지망해서 들어온 학생의 의식은 환경 정화 연구로 크게 전개되었다. 무엇보다 나 자신도 가나가와 현의 공업 시험소에서 시안 화합물의 산화 분해에 관하여 1963년부터 1년간 졸업 연구를 했기 때문에 환경에 대한 의식은 갖고 있었다.

환경을 생각하는 제조업

도금을 중심으로 한 표면 처리 분야에서 처리 공정의 대부분은 금속 이온을 포함한 수용액이 기본이다. 게다가 물로 세척하는 과정에서 처리 약품을 깨끗이 제거해야 한다. 따라서 환경을 해치는 가장 큰 원인은 세척수다. 1965년쯤까지는 환경에 대한 의식이 낮아서 이 세척수를 거의 하천에 방류했다. 가나가와 현은 게이힌(京浜) 공업 지대를 둘러싼 공업 지역이므로 1960년대 중반에 들어서 가와자키(川崎) 중심으로 연기가 모락모락 피어올랐다. 태양은 장파장 쪽의 가시광선밖에 투과하지 못하기 때문에 낮에도 석양 같았다고 하면 다소 과장일지 모르지만, 멀리서 바라보면 확실히 붉게 보였다. 광화학 스모그, 욧카이치[†] 천식, SOx(황산화물), NOx(질소산화물), PPM[†] 등의 용어를 키워드로 한 기사가 빈번하게 보도되었고 그에 따라 주민 의식도 높아져 기업의 책임 체제가 확립되는 방향으로 발전했다. 더구나 그 후 지구 환경 차원에서는 오존층의 파괴, 지구의 온난화(이 온난화는 불가역적으로 이대로라면 2060년경에는 북극의 온도가 0도 정도가 되어 시베리아 지방에 결빙되어 처박혀 있던 메탄 가스가 대기로 나오면서 이미 지구는 절멸이라고 한다)가 시작되므로, 자원 순환형 사회로 바뀌어야 하다는 의식이 높아지고 있다.

　　이야기가 자꾸 여러 주제로 확대되면 끝이 없으니 여기서는 전자 부품 제조 업체로 관심사의 범위를 좁혀서 기술하기로 하자. 전자 부품 업계에서도 최근 '제로 에미션(zero emission)'이라는 용어가 사용되고 있다. 이는 매립이나 폐기물 제로를 목표로 한다는 뜻이다. 제조 공정에서 배출된 쓰레기를 다른 제조 분야의 원료로서 100퍼센트 재활용하려는 계획이다. 이는 1992년 지구 정상 회담에서 '지속 가능한 개발(sustainable development)'이 채택된 데서 발단이 되었다. 전자 부품을 비롯하여 제품이 완성되기까지는 많은 원료가 사용되고 또한 공정도 복잡해서 폐기물의 재활용이 주장되어 왔는데 과연 100퍼센트 재활용은 가능할까. 이는 이상적으로는 그렇게 하고 싶은 게 인간의 바람이지만 자연계의 법칙에서는 불가능하다. 또한 전자 기기에서 환경 파괴 물질의 사용을 제한하고 환경 배려형 부품의 개발에 주력하고 있다. 유럽 연합(EU)에서는 납 등 6종류의 환경 파괴 물질을 규제하는 이른바 RoHS 지침†이 2006년 7월부터 시행된다. 이를 받아들여 일본의 전자 부품 제조 업체는 4~5년 전부터 납 프리화를 적극적으

† 四日市: 미에 현 북부의 공업 항만 도시.

† 100만분의 일을 의미하는 농도의 단위.

† 유럽 연합에서 제정한 전기 및 전자 장비 내에 특정 유해 물질 사용에 관한 제한 기준으로 납, 수은, 카드뮴, 6가 크롬, PBB 및 PBDE의 총 6종에 대한 인체 유해 물질 사용 제한 지침이다. RoHS는 directive on the Restriction of the use of Hazardous Substances in electrical and electronic equipment의 약어이다.

로 검토하고 있다. 수년 전에 유럽을 시찰할 때 일본의 납 프리화는 최고 수준이라고 유럽의 연구자가 인정한 바 있으며 지금도 최고 자리를 지키고 있다. 하지만 땜납의 주성분은 주석과 납으로, 그 납을 다른 금속으로 대체해야 하지만 특성을 저하시키지 않으면서 대체할 수 있는 재료를 아직도 찾지 못하고 있다.

제로 에미션

자원 순환형 사회로 바뀌어 가는 추세 속에서 제조도 크게 바뀌어야 한다. 최근 '제로 에미션(zero emission)'이라는 용어를 신문에서 종종 볼 수 있는데, 이 용어는 '제로 디스차지(zero discharge, 원료를 최대한 사용하여 폐기물을 극소화한다)'와 함께 중요하게 거론되고 있다. 이미 30년쯤 전에 나카무라 교수가 중심이 되어 사이토(斉藤) 사장, 나, 현재 게이힌지마(京浜島)의 단지에서 생산 활동을 계속하고 있는 기업의 기술자, 화학 물질 공급자가 매월 한 번꼴로 자원의 효율적인 이용에 관해 토론하는 모임을 열었다. 당시는 나의 연구실에서 나카무라 교수의 강력한 지도력 하에 민첩하게 실험하고 그 결과를 토대로 폐수 처리와 재활용의 공정을 확립했다. 그러한 가운데, 이미 제로 에미션과 제로 디스차지라는 용어가 미국의 환경청(EPA)에서 나왔으며, 나카무라 교수는 그 사고가 자연계의 법칙(열역학 제2법칙)으로 볼 때 이치에 맞지 않는다고 이의를 제기했다.

공업 사회에서는 에너지를 사용하는 한 엔트로피가 증대하기 마련이므로 앞으로의 공업화 사회로의 전개는 엔트로피의 증대 속도를 얼마나 저속화시키느냐에 달려 있다. 위정자도 경영자도 기술자도 일반 시민도, 이 자연계의 법칙을 이해한다면 앞으로 공업화 사회에서 무엇이 중요한지 잘 알 수 있을 것이다. 지난 달 신문에 핵연료의 재활용에 관한 기사가 실렸는데, 재활용 비용이 몇 배나 드는 기획을 추진하는 것은 어딘가 모순이 있다는 사실을 깨달은 것 같다. 또한 자동차를 경량화하면 에너지 비용을 대폭 줄일 수 있다는 점에서 알루미늄을 많이 이용하려는 움직임이 있다. 게다가 마그네슘은 알루미늄보다 더욱 가볍기 때문에 컴퓨터의 본체 케이스를 비롯한 여러 가지 분야에 사용되고 있다. 하지만 마그네슘의 가공비는 알루미늄보다 훨씬 비싸다.

앞에서 말한 납 프리화만 해도 종래의 땜납보다 우수한 특성을 찾을 수 없다. 또한 납 이외의 금속 합금에서는 융해 온도가 약간 높아지고 조성의 조절도 어려워진다. 현재 사용되고 있는 프린트 기판 재료, 탑재 부품은 모두 220~300도에 견딜 수 있도록 설계되어 있으므로 온도가 10도 올라가기만 해도 프린트 기판의 내열성, 탑재 부품의 내열성에 큰 영향을 미친다. 따라서 모든 재료를 다시 검토하지 않으면 안 된다. 결국은 대체 재료에 관해 장기에 걸쳐 검토가 진행되고는 있지만 비용만 상승하고 전체적으로 볼 때 엔트로피의 증대 속도가 가속되고 만다면 전혀 의미가 없다. 얼마 전에 우리 연구소에서 초빙한 독일 교수도 현재의 납 프리화에 의문을 표명했다. (2004년 8월)

공학자의 사고법

대학 연구실에서 깊이
생각해 본 이야기들

제 7 장

고도 정보 사회에서 요구되는
'주체적으로 일하기'

학생들을 보면서 여러 가지 생각이 든다. 그중 한 가지가 취업 활동에 관한 일이다. 학생들은 여러 회사에 입사 지원하기 위해 한 달 정도 취업 활동에 구속되고 있지 않은가. 따라서 그들은 취업 활동으로 인해 학문의 중요한 시기를 포기하지 않을 수 없다. 그 기간 동안에는 자신의 학문을 갈고닦을 시간을 전혀 확보하지 못한다. 그래서는 학생의 가능성이 낮아지기만 할 뿐이다. 이러한 상황은 큰 교육 문제이며 사회 문제다. 현재 기업, 특히 생산 현장에서는 생산성을 조금이라도 높이려고 필사적이다. 신입 사원의 양성에도 필사적이다. 하지만 학생들이 취업 활동에 매달려 있는 상황이라면, 회사로서는 채용 후 바로 업무에 투입되어 대처할 능력이 있는 사원을 육성하기 힘들 것이다. 게다가 종신 고용제가 무너지고 일하는 환경의 변화도 격심한 직장에서는 다양한 요인이 현장에서 직원들의 의욕을 빼앗고 있는 상황이다. 채용한 학생 중 상당수가 3년 이내에 회사를 그만두고 마는 현실은 단지 현재의 사회 현상이라는 단순한 분석만으로 끝낼 일이 아니다. 교육계에 몸담고 있는 사람은 학생들이 더 많은 매력을 갖출 수 있도록 노력해야 하지만, 그 이전의 문제로서 나는 학생들의 윤리 의식이 걱정되어 견딜 수가 없다. 가장 간단한 예로 어떤 한 학생의 리포트 복사물이 돌고 있다는 사실을 들 수 있다. 리포트의 복사물 같은 거야 사소한 일일지 모른다. 하지만 사소한 일을 방치해 두면 학생의 장래에 중대한 부채를 남기게 될지도 모른다.

학생에게 필요한 교육은 무엇일까. 취직했다고 해서 반드시 마음이 편하다고는 말할 수 없다. 나는 그들이 '통합력'과 '사고력'을 몸에 익히게끔 해 주고 싶다. 공학의 세계뿐만 아니라 세상은 다양한 영역이 서로 연관되어 있다. 단편적인 지식만으로는 대처해 나갈 수 없다. 어떤 일이든 전체적으로 활용할 줄 아는 능력이 필요하다. 또한 대량 생산, 대량 소비의 시대는 이미 끝났다. 앞으로 펼쳐질 고도 정보 사회에서는 스스로 정보를 이용해 나가야 한다. 주체적으로 일하지 않으면 안 되는 시대가 된 것이다. 주체적으로 배우고, 조사하고, 연구하는 일은 학업에만 국한된 이야기가 아니다. 현실에서도 중요한 자세다. 축적해 온 충분한 기초를 토대로 하여 주체적으로 사물을 파악하고 자신이 미래를 열어 나갈 만큼의 능력을 학생들은 갖추어야 한다.

이전보다 못한 취업 활동

현 상황에서 대학 졸업자의 취업 문제를 생각하다

후생노동성의 조사에 따르면 1995년 이후 대학 졸업자의 30퍼센트 이상이 첫 직장을 3년 이내에 그만두었다고 한다. 그 동안 일본의 경제 환경은 정체기로 들어서 최근에는 대학 졸업자의 취직률이 70퍼센트에 채 못 미친다. 2004년도의 조사에 의하면, 대학 졸업자가 처음으로 취직한 기업에 정착하는 비율은 50퍼센트 정도이고, 나머지 학생 대부분은 프리터나 파견 사원, 혹은 진로 변경을 위해 전문학교에 진학한다고 한다. 이러한 상황하에서는 가치관이 다양화되었다고는 하지만 젊은이의 대부분은 장래에 대한 꿈이 없고, 점점 소득 격차는 벌어지며, 정신적으로도 안정된 생활을 보낼 수 없는 상황이 된다. 더욱이 저출산, 고령화, 핵가족화로 지금까지 세대 간에 공유한 가정 교육적인 전승도 거의 사라지고 있다. 그 결과 이기적이고 자기중심적이며 타인에 대한 배려가 없는 젊은이가 증가하고 있는 듯하다.

5월 하순, 올해 대기업의 실질적인 취직 시험도 슬슬 끝나 간다. 학생이 이제 막 졸업 연구를 시작하여 겨우 연구의 목적을 파악할 수 있을 때다. 또한 문과계에서는 세미나가 시작될 때 취업 활동을 위해 홈페이지를 열고 지원한다. 그 후 회사 설명회에는 많은 학생이 모여들어 각 기업의 인사 담당 또는 총무의 지시에 따라 몇 단계의 절차를 밟는다. 그 단계에서 대부분의 학생은 떨어지고 마지막 인사 면접까지 남는 학생은 극히 일부분이다. 아마도 한 달 정도는 취업 활동에 묶여 있지 않을까 싶다. 학생들도 필사적으로 몇 군데 기업에 겹치기로 응시해야 한다. 따라서 소위 면접도 잘 보고 성적도 좋은 일류 대학의 학생은 여러 기업에서 임원의 최종 면접까지 가게 된다. 그리고 "정말 우리 회사에 올 텐가?" 하는 질문을 받는 상황이 된다. 학생들은 보통 30~40개 회사의 홈페이지에 접속해 지원했다고 한다. 합격하는 학생은 서너 개의 기업에 합격하지만 합격하지 못하는 학생은 반대로 몇십 군데에 응시하며 1년이라는 세월을 보내는 실정이다. 차세대를 담당할 학생의 실태가 이래서는 큰 교육 문제이며 사회 문제가 아닐 수 없다. 하지만 그만큼 심각하게 거론되지는 않는다. 나는 작년에도 똑같은 말을 했지만 올해의 채용 방법에 개선책으로서 인정 받지 못했으며 여전히 학생들을 다투어 빼앗는 형국이다. 학생도 그동안은 전혀 자신을 연마할 시간이 없어 점점 그들의 가능성이 저하될 뿐이다. 교수들도 대부분 속수무책이다. 이렇게 채용한 뒤 채용한 학생의 30퍼센트 이상이 3년 안에 그만두는 실정을 사회 현상이라고 체념하고 만다면 심각한 문제다.

생산 현장에서는 혈안이 되어 수율(收率)을 높이고 공정을 개선해서 생산 효율을 높이고자 하며, 또한 사무의 합리화를 추진하고 있다. 그런데 신입 사원을 양성하고 앞으로 틀림없이 한 사람 몫을 해 낼 수 있는 사원으로 활약해 주기를 기대할 때 한 사람 한 사람 그만두고 마니 기업이 장래를 계획하는 데 큰 타격이 아닐 수 없다. 경영자와 인사 담당자는 지금까지의 채용 방식을 개선할 시기가 왔다는 사실을 인식해야 한다. 이러한 종류의 사회 현상을 단지 현상으로서 파악할 것이 아니라 국가와 지방 자치체, 교육계, 경제 단체 연합, 그리고 상공 회의소 등이 진지하게 고민할 필요가 있다. 다만 그러기 위해서는 시간도 걸릴 것이고 더 이상 지체할 수 없는 상황이므로 우리 영역에서만이라도 현상을 타파할 방책을 찾아야 한다.

매력을 만들기 위한 방책은?

취업 활동에 관해서 이렇듯 변혁기가 도래했다고 말했는데, 그렇다면 우리 연구실의 취직 상황은 어떠한가. 노동성의 이번 조사에 대응하여 1995년 이후 졸업해서 우리 연구실을 떠난 학생 50여 명에 관해 조사해 보았다. 3년 이내에 첫 직장을 그만둔 사람은 3명으로 정착률이 꽤 높은 편이다. 내가 나카무라 미노루 교수의 뒤를 이은 지 이제 35년이 넘었는데 그동안 공채가 아닌, 기업과 협의해서 취직한 졸업생은 300명 정도 된다. 이들 졸업생의 대부분은 표면 처리를 중심으로 한 재료 화학 관련 분야에서 활약하고 있다.

근래 산학 연계가 크게 관심을 받고 있다. 사업계와 기술적으로 연계하면 학생도 자신이 하고 있는 연구의 목적과 의의를 이해하게 되어 단지 학점을 따기 위한 수동적인 태도에서 적극적인 연구 자세로, 의식이 완전히 달라진다. 오늘날 산업계가 고도 기술자를 원하기 때문에 공학계 학과에서는 어느 대학이든 학부생 4년, 대학원생 2년을 합해 6년 동안 일관적인 교육이 지속되고 있다. 작년 4월에 독립 법인으로 바뀐 국립 대학을 비롯하여 이른바 유명 사립 대학에서는 대부분 학부에서 대학원 석사 과정으로 진학하고 있다. 따라서 최근 몇 년 사이에 기업의 채용 조건이 대학원 졸업자로 대폭 변경되고 있다. 다시 말해, 우리의 관련 업계인 몇몇 화학 물품 공급사의 인사 담당자 말에 의하면, 작년에는 입사 채용자 대부분이 대학원 졸업자였고 대학 졸업자는 교수의 추천을 받은 사람에 한했다고 한다. 또한 대부분의 제조 공장에서도 대학원 졸업자는 30퍼센트에서 50퍼센트에 달한다고 한다. 대기업은 상당히 오래 전부터 영업직이나 사무직 외에는 대부분 대학원 졸업자를 채용하고 있다.

우리 대학에서도 대학원에 진학시켜 대학원 졸업자를 배출해야 한다고 교수들에게는 설득하고 있는데, 대학원까지 진학하는 학생은 화학 관련 학과와 건축 관련 학과에서는 25퍼센트 정도, 그 외 학과에서는 20퍼센트가 채 되지 못한다. 이대로 괜찮다고 판단한다면 우리 대학교 졸업생은 다른 학교 출신과는 다른 매력과 부가 가치를 갖추기 위해 노력하지 않는 한, 공학부로서 살아남지 못하고 도태되어 갈 것이다. (2005년 5월)

최근 학생의 기질

최근 10년간 학생의 기질이 달라졌다?

각 기업에서 입사식이 거행되고 나서 3주일 정도 지나면 신입 사원은 매일같이 연수에 쫓기게 된다. 최근 젊은이를 LED(발광 다이오드)에 비유해서 '뜨거워지지 않고 냉정하며 지시한 일은 야무지게 잘하지만 개성이 없다.'는 기사가 한 달 전쯤 신문에 실린 적이 있다. 매우 적확한 표현이다. 실제로 이러한 성향의 학생이 많아진 것은 분명하다. 생기 있고 기대감에 차올라 일을 잘할 것 같은 신입 사원은 어느 정도나 있을까. 산업계로 내보낸 측으로서의 책임도 있고 하니 받아들인 기업 측의 의견을 한번 묻고 싶다.

　　예전부터 어느 시대든 연배가 있는 사람들이 "요즘 젊은이들은……." 하고 비판하기 일쑤였다고 들었기에, 이러한 종류의 주제는 글에 그다지 언급하지 않았다. 하지만 35년 간 연구를

공학자의 사고법

통해 학생과 행동을 함께해온 입장에서 봐도 분명히 학생들의 기질이 달라졌다. 특히 최근 10년 사이의 변화는 무척 크다. 솔직함과 겸허함의 결여, 표현력의 부족, 집중력 부족, 윤리 의식 저하, 단체 행동에서의 비협조, 시간관념 희박, 자기중심적 사고가 두드러진다. 어느 시대든 졸업 연구를 시작하기 전까지는 어쩔 수 없다고 생각하고, 연구실에 들어온 후 하나하나 직접 가르쳐 왔다. 사명감을 갖고 일심불란하게 그들이 자신감과 상식을 갖추도록 했고 애정을 바탕으로 교육에 전념했다.

하지만 나이 탓도 있는 것일까, 최근에는 이러한 학생들 수가 확실히 많아진 듯하다. 3월 하순, 졸업식 후에 화학과 전체 졸업생이 함께 모여 송별회를 하는데, 한 해 한 해 세월이 지날수록 형식적이 되고 마음속에서 감동을 느끼는 일은 점차 줄어들고 있다. 또한 송별회가 끝난 뒤에 연구실 별로 나뉘어서 2차를 하는데 올해는 교수들이 대부분 참가하지 않았다고 한다. 왜 그런지 물어 보니 학생들이 교수에게 감사하는 마음이 희박해지고 단지 먹고 마시는 자리일 뿐이라 참가할 마음이 생기지 않는다고 한다. 우리 연구실에서도 해마다 송별회를 하고 있지만 지금까지 사은회 형식으로 한 적은 한 번도 없다. 비용은 모두 교수 측이 부담하는데 졸업생이나 재학생은 그것을 당연하게 생각한다. 원래는 은사에게 감사하는 마음으로 자신들이 비용을 부담하고 교수를 맞이하는 것이 사리에 맞겠지만, 당최 그런 마음은 전혀 없는 것 같다.

상당히 오래 전 일인데, 졸업 기념으로 아내가 백화점에서 무언가 선물을 사 와서 학생들에게 나누어 준 적이 있다. 그런데 마지막에 카페에서 헤어질 때 그 선물을 그냥 자리에 두고 간 학생들이 몇 명 있는 것을 보고 나는 무척 실망했다. 그리고 그 후로는 더 이상 선물을 준비하지 않았다. 올해는 연구소의 부소장인 도요다 미노루(豊田稔) 군이 송별회에 참가하지 못하게 되었다면서 학생들에게 줄 선물을 나에게 전해 달라고 부탁했다. 학생에게는 상당히 고가인 물품이었는데 도요다 군이 쓴 메모가 붙어 있었기에 나는 메모 내용을 소리 내어 읽고 그들에게 선물을 전달했다. 하지만 도요다 군에게 '감사하다'는 메일을 보내 온 사람은 다섯 명 중 두 명뿐이었다. 특별히 기대하지는 않았지만 어떠한 방법으로든 감사의 뜻을 전하는 것이 상식이라고 여기는 것은 내가 나이를 먹은 탓일까.

나는 학생들에게 아버지 같은 마음으로 대하고 있는데 오히려 그것이 그들에게는 부담스럽게 느껴지는 것일까. 대학원 졸업생쯤 되면 3년간 연구실에서 함께 지냈기 때문에 감사하는 마음이 깊을 것 같은데, 개중에는 빈번하게 메일을 보내오거나 질문을 하던 학생도 입사와 함께 거의 연락이 끊어진다. 그들이 충실하게 일에 전념하느라 바쁘다는 것은 안다. 하지만 그야말로 IT 사회에서 메일 정도는 손쉽게 보낼 수 있으니 일 년에 두

세 번 정도 잘 지낸다는 근황만이라도 알려 주면 좋으련만 그렇게들 하지 않는다. 그러다가 결혼식 직전에 연락해 오는 것을 보면 이기적인 인성을 확실히 알 수 있다. 그러고는 결혼식이 끝나면 또다시 연락이 없다. 뭐, 언젠가 그들도 상식이라든지 감사하는 마음 같은 것을 알게 될 테니 가만히 두는 게 나을 것 같아 너그러운 시선으로 보고 있다. 하지만 솔직히 말해서 가끔은 학생 쪽에서 감사하는 마음을 담아 준비하는 기획이 있어도 좋지 않을까 싶다.

LED형 기질

이렇게 표현하면 안 될지도 모르지만, 뜨거워지지 않고 언제나 냉정하며 개성이 없다는 둥, 왜 현대의 젊은이들은 이렇게 야유를 받는 것일까. 아마도 커뮤니케이션 수단이 휴대 전화를 중심으로 한 인터넷에 치중되어 있다는 사실이 이러한 젊은이가 많아지게 된 원인의 하나일 것이다. IT 사회에서는 순식간에 정보가 교환된다. 비즈니스의 형태도 크게 달라졌다. 인터넷이 크게 활용되고 있다. 세계가 점점 좁아지니 앞으로는 글로벌 기준에 맞춰 매사를 생각해야 한다. 그러기 위해서도 지금까지보다 한층 더 영어 훈련을 게을리하지 않도록 연구소와 대학 연구실에서 동시에 진행해 나가야 한다.

현재는 틀림없이 IT 사회로의 이동기이며, 인프라는 크게 정비되고 있다. IT 사회에 대해 불평하고 있을 것이 아니라 모두 매우 효율적으로 잘 사용할 수 있도록 해야 한다. 하지만 인간의 정신 활동은 서로 얼굴을 마주하는 따뜻한 교류가 기본이다. 여하튼 우리들보다 젊은 세대는 무엇이든지 인터넷으로 조사하려고 하고, 회의 자료도 인터넷으로 제출하는 일이 많지만, 인터넷에 의한 정보는 일차 정보가 아니다. 중요한 문제를 공공연하게, 게다가 불특정 다수에게 흘릴 이유가 없다. 인터넷의 효용과 한계를 빨리 인식하여 능률적으로 활용했으면 좋겠다.

요즘 젊은이들 중에는 근무 시간 중에 직장의 컴퓨터를 이용하여 인터넷으로 노닥거리는 모습이 많이 눈에 띈다고 한다. 우리 연구실에서도 땡땡이치는 빈도가 높은 것 같다. 또한 실제로 토픽스(TOPIX, Tokyo stock price index) 주가 지수에 관련된 정보는 거의 인터넷에서 퍼진 것으로 신빙성이 희박하다. 온종일 푹 빠져 사는 것은 좋지 않다. 정보의 일부로서 활용하는 것은 얼마든지 좋다. 그보다도 여하튼 연구할 수 있는 환경이 주어져 있으니 대학원생이 적극적으로 스스로 실험하고, 그 결과에 근거하여 더욱더 발상을 풍부하게 지니고 추구해 가는 기쁨을 느꼈으면 한다. (2005년 4월)

공학자의 사고법

데이터 조작 및 날조의 근원지

학생들의 윤리 의식 저하

공과계 대학에서는 실험 과목의 비율이 상당히 높다. 대부분의 공과계 대학에서는 중견 기술자와 상급 기술자를 양성하는 것을 목적으로 하여 1학년, 2학년에 각각 교과목의 실험을 이행한 뒤에 3학년 때는 전공으로 들어가기 위한 분야별 실험을 이수하게 되어 있다. 마지막 4학년에 하는 졸업 연구 과목은 전원 필수로 일 년에 걸쳐 연구 중심의 생활을 하게 되는데, 학생들도 이 시점에서 비로소 학생으로서의 충실감이 싹트고 자주적으로 연구에 임하게 된다. 그런데 대학에 따라서는 이 졸업 연구를 필수로 정하고 있지 않아, 일본의 미래를 짊어질 인력을 착실히 육성해야 하는데도 불구하고 오히려 역행하고 있어 행여나 노파심에 걱정이 된다. 나의 경험으로는 사오십 명 학생이 있다면 리포트 요약의 발신지의 차이로 네 가지 유형에서 다섯 가지 유형의 그룹으로 나눌 수 있다. 학생들은 교묘하게, 통째로 베끼지 않고 마치 반복해서 실험한 것처럼 하고 재현성이나 고찰에 궁리를 더해 애쓴 모양새를 갖추지만, 이쪽은 프로이다 보니 그 자리에서 바로 데이터의 날조를 꿰뚫어보고 모두의 앞에서 지적한다. 또한 서툰 문장이라도 좋으니 스스로 생각하여 궁리하도록 해 왔다. 그렇게 해야 학생들의 도덕심도 향상되고 실험을 대하는 자세도 달라질 것이다. 교수들은 기초 실험이라고 눈감아 주고 있지만 하급생일수록 그 버릇이 붙어 버리면 나중에까지 그렇게 무사히 넘어갈 수 있다고 안이하게 생각하게 된다. 그래서 도덕심이 크게 저하되고 공학으로 진출하는 자로서 용서할 수 없는 행동을 조장하는 일이 생길 수도 있다.

최근에는 나 자신이 최고 연장자 무리에 들어, 졸업 연구에 들어가기 전까지의 기초 실험을 직접 담당하는 일은 거의 없어지고, 젊은 교수들이 실험 지도를 맡아 오고 있다. 공과계의 실험 과목에 관해서 언급한 이유는, 최근의 원자력 발전소와 자동차, 식료품의 판매 등 일반 사회에서 문제가 끊이지 않는 데이터 조작과 날조에 관계가 있다고 생각하기 때문이다. 졸업 연구에 들어가기 전의 기초 실험에서는 실험을 끝마치면 1주일 후 그 결과에 관한 리포트를 제출하도록 되어 있다. 어느 시대든 반드시 몇 명은 착실하게 실험을 하고 꼼꼼히 리포트를 정리한다. 그 성실한 학생이 표적이 되어 어떤 학생이 그 리포트를 통째로 베끼고는 그 내용이 당장에 퍼진다. 특히 최근에는 정보 기기와 정보 미디어의 발달로 인해 이 같은 행위가 손쉽게 이루어지고 있다. 또한 표적이 된 소위 모범생도 예전과 달리 인터넷의 보급에 동반하여 검색 용어를 입력하면 상당히 높은 확률로 자신이 바라는 정보를 입수할 수 있으므로 완성한 리포트 내용은 당연히 뒤죽박죽이 된다. 게다가 단 몇 명이 작성한 리포트가 출처가 되어 전원에게 퍼져 나간다. 개중에는 일순간 꽤 궁리해서 나온 근사한 고찰이라고 감동하기도 하지만, 전혀 그럴 일은 없다. 모두 정보원을 통해 베낀 것이다. 참고서 이외의 정보를 검색하는 능력이 붙었을 뿐이다. 그 정보 수집 능력은 높이 평가해 주어야겠지만, 그래도 지나치게 의존하면 고찰하는 능력이 저하되고 만다. 교수들은 신경 써서 그들의 의식을 바꾸려고 해야 한다. 보통 일이 아니다. 한낱 리포트라고 생각할지 모르지만 이것이 날조의 시작이 되므로 도덕성 교육을 함께 실시할 필요가 있다. 교수들은 이러한 점을 염두에 두어 자신감을 가지고 학생에게 전인 교육을 펼쳐야 한다.

학교 측에도 교수 측에도 책임이 있다

지금까지 학생 상담실은 경제적으로 어려운 상황에 처하거나 정신적으로 힘들어하는 학생을 지도해 왔다. 즉 카운슬링 센터 같은 역할을 하는 곳인데 이용하는 학생이 그리 많지는 않았다. 담당 교수도 마치 가족처럼 학생의 상담에 응할 수 있었다. 그런데 최근 대학이 대중화되고 학생의 의식도 낮아져, 학생은 무엇이든지 받을 수 있다고 믿고는 쉽게 상담을 청하는 경향이 생겼다. 대학 측도 실적 쌓기에 급급해 상담자가 몇 명 있었는지에만 신경을 쓰고 내용의 논의는 뒷전으로 한 채 수치로만 평가하고 있다. 개중에는 이용자가 적으니 이용 실적을 더 올려야겠다며 무슨 내용이든 좋으니 학생에게 상담하러 오라고 담당 선생이 공공연하게 공지하기에 이르렀으니 무엇이 진정 중요한 것인지 본말전도(本末顚倒)가 심하다. 도대체 본래 교육의 목적을 잊어버린 채 이대로 괜찮은지, 각 대학에서는 이 점에 관해서 다시 생각해야 봐야 할 것이다.

교수들 한 사람 한 사람이 각자의 특성대로 일상 속에서 애정을 바탕으로 학생과 접촉하면서 교육에 임한다면 이러한 어처구니없는 일은 생기지 않을 것이다. 단지 어느 대학이든지 입시 과목 수가 적어져 기초 실력이 낮은 학생이 늘어났기 때문에 아무래도 도입 교육†을 우선해야 하는 것은 분명하다. 이러한 교육을 위한 상담실이라면 보정 도입 교육으로서 이해할 수 있지만 이용자가 적으니까 더 많이 이용하게 하려는 목적이라면 이는 진정 중요한 목적이 무엇인지 완전히 뒤바뀐 상황이다.

교수도 본래 교육이 무엇인지를 깊이 고민해야 할 것이다. 유감스럽게도 대학의 교수들도 모두가 교육 능력이 뛰어나지는 않다. 최근에는 어느 대학이든 강좌 제도가 크게 붕괴되어 좋은 의미에서의 교육 노하우를 전수하는 일도 사라졌다. 교수가 되기 위한 자격은 전문 분야의 업적이 중심일 뿐 교육 프로그램은 극히 적다. 따라서 교수 개개인이 오랜 시간을 들여 자신 나름의 교육 방법을 몸에 익혀 왔다. 최근에는 무엇이든지 톡 하면 '성희롱이다, 상사의 권력을 이용한 괴롭힘이다, 교수의 권위

를 남용한 부당 행위다.'라고 말이
많아서 교수들도 매사에 조심스럽
다. 이러한 이유로 일본의 장래가

† 신입생에게 리포트 작성 요령이나
자료 수입 방법 등 대학에서
필요한 기본적인 작업에 관해
가르치는 교육 프로그램.

점점 힘들어질 것이므로 빠른 단계에서 궤도 수정이 필요하다.
(2004년 10월)

즉시 업무에 대처할 수 있는 능력의 확보

직업 교육을 학생에게 실시하여 실무적 직업인의 능력을 갖추게 하라
오랜 불황으로 인한 취업난에서 벗어나기 위해 자격이나 기술
을 취득하려고 전문학교로 진학하는 사람이 늘고 있다. 특히 간
호를 비롯한 의료 분야는 인기가 높다. 문부과학성의 학교 기본
조사에 따르면, 작년도 신규 고졸자의 전문학교 진학률은 역대
최고치인 18.9퍼센트였다. 5년 전에 비해 2.5포인트 증가했으
며, 진학자가 감소하고 있는 단과 대학이나 비슷한 진학률을 보
이는 다른 대학에 비해서도 증가하는 추세다. 최근에는 대학을
졸업한 사람들이 다시 기술을 익히기 위해 진학하는 새로운 배
움의 장이 되고 있다.

　기업이 더 이상 대학 졸업자에게 매력을 느끼지 못하기 때
문이다. 대부분의 대학에서는 실전에 바로 투입될 수 있는 능력

을 갖춘 직업인의 양성을 목적으로 하지 않고, 폭넓은 교양과 견식을 지닌 고도 기술자를 양성하려고 한다. 하지만 현실에서의 대학생은 3년간 노는 데만 정신이 팔렸다가 4학년이 되어서야 비로소 정신을 차리기 때문에 대부분 기초 실력이 부족하다. 게다가 최근의 취업난으로 인해 몇 개월 동안, 더러는 거의 일 년 동안 취업 활동만 하는 학생도 상당히 늘고 있다. 이제 벌써 올해도 2개월이 지났는데, 어느 기업의 기술 면접 담당자에게 물어 보니, 인터넷을 통해 입사 지원자가 쇄도하고 있다고 한다. 1만 명의 지원자가 있다면 우선 그 시점에서 상위 10퍼센트를 추려 낸다. 그러고 나서 설명회, 인사 면접, 전문 면접을 거쳐 마지막으로 임원 면접을 통과하면 겨우 가내정되기에 이른다. 따라서 4학년은 취업 활동이 중심이 되지 않을 수 없다.

　　나는 일반적인 이러한 경향 속에서 이렇게 비효율적인 취업 활동을 그만둬도 취직할 수 있는 환경을 나름 구축해 왔다고 생각한다. 나카무라 교수의 뒤를 이어 실무적인 직업인이 되기 위한 초보자를 양성하는 일에, 나 자신은 일심불란하게 주력해 왔다. 하지만 나의 이 소신에 찬 행동은 많은 교수에게 비판적으로 인식되기도 했다. 졸업 전에 실무적인 전자나 표면 기술을 학회에서 발표시키는 일에 관해서도 학회는 졸업 연구를 발표하는 자리가 아니라고 배제되었고, 연구 내용에 관해서도 '기존의 연구 내용을 손보는 정도의 수준은 연구가 아니다.'라고 주의를 받았다. 그렇다고 해서 이렇게 지적하는 교수들이 고도의 연구를 하고 있는 것도 아니다. 그렇지도 않으면서 학생들의 성적이 나쁘다고 개탄한다. 그래서 연구 이외의 강의에도 열의가 없는 것일까, 아니면 열의를 가지려고 해도 방법을 모르는 것일까. 교수들도 점점 의욕을 잃어 간다. 그 결과 학생은 강의도 제대로 듣지 않아 상당히 소란스러운 교실도 있는 것 같다.

나는 본교의 졸업생으로서 조금이라도 학생들의 능력을 향상시키고 싶다. 내 강의 때 시끄러웠던 적은 없다. 조금이라도 분위기가 어수선해질 것 같은 징조가 보이면 그것은 나의 강의 방법이 좋지 않은 것이라 여겨 즉시 궤도를 수정한다. 결론적으로 말해서, 현재 졸업 연구생에게는 1년간의 연구를 통해 인간교육의 장을 제공하고 있다. 우선, 전화 응대를 하지 못하는 학생에게 강제적으로 전화 업무를 보게 한다. 글씨를 잘 못 쓰는 학생에게는 연락용 화이트보드의 기록을 맡긴다. 그들의 자유롭고 게으른 생활 태도를 3년간 규칙적인 리듬으로 바꾸어 간다. 조별로 대학원 선배를 배정해 실험 내용을 논의하고 한 달에 한 번 진척 보고회에서 발표력과 표현력을 단련해 간다.

또한 그들의 영어 실력은 고교 시절부터 크게 저하되었기 때문에 매일 오전 9시부터 윤강회를 습관화하고 있다. 올해부터는 조금 쑥스럽지만, 영어로 논문을 해설하고 생각을 발표할 수 있도록 하고 있다. 그들 대부분은 전혀 눈치 채지 못하겠지만 그렇게 훈련해 나가는 중에 의욕이 생긴다. 올해는 5월에 중국, 9월에 그리스와 하와이에서 학회가 열릴 예정이라 중국에서 3명, 그리스에서 5명, 그리고 하와이에서 7명이 영어로 발표하게 되어 있다. (강제로 시킨 것이 아니라 그들이 자주적으로 발표를 원했다. 단, 박사 과정의 학생은 강제로 시켰지만) 이처럼 연구를 중심으로 한 생활을 통해서 그들이 한 걸음 한 걸음 크게 성장하는 토대가 마련된다면 좋겠다. 이러한 연구 교육의 실천을 이해해 주는 기업이 조금씩 늘고 있다. 우리 연구실 학생들은 자신이 원하는 회사를 고르지 않으면 당장에 어느 곳으로든 취업이 결정된다. 하지만 실제 사회로 나가는 가장 중요한 선택이므로 옛날처럼 '자네는 이곳으로 가게나.'라고 명령할 수는 없다.

기업은 불경기로 인해 신규 졸업자를 채용해 사내에서 교육시킬 여유가 없으니, 채용 후 당장 업무에 대처할 수 있는 능력을 갖춘 신입 사원을 요구하게 되었다. 다른 교수들도 이 현실을 직시하기를 바란다. 우리 연구실은 여러 가지 비판의 소리도 듣고 있긴 하지만, 지금까지 배양해 온 직업 교육의 노하우가 연구실의 장점이다. 이 장점을 살려 중견 직업인부터 고도 직업인을 지속적으로 배출할 수 있도록 졸업 연구생 및 대학원생을 지도하고 있다.

전문학교의 대두

앞서도 말했듯이, 대졸 취업률이 대
폭 낮아지고 있는 상황 속에서 최근
에는 이러이러한 직업이라면 대학

† 都道府県: 일본의 광역
자치 단체인 도쿄 도(都),
홋카이도(道), 오사카 부(府)와
교토 부(府), 그리고 나머지
43개 현(県)을 한데 묶어
이르는 말.

에 가지 않고 전문학교로 진학하면 좋겠다고 진로를 결정하는
고교생도 많아졌다. 전문학교는 학교 교육법으로 정해져 있으
며 도도부현†의 지사가 설립 인가를 내 준다. 2003년 5월 1일
현재, 전국에 국공사립을 합해서 약 2900개 학교가 있으며 약
68만 명이 다니고 있다.

지금까지 대학은 전문학교와의 차이를 의식하고 직업 교육
을 소홀히 해 왔다. 우리 대학에서도 고도 기술자의 양성은 대
학원에 맡긴다. 제조업의 핵심을 담당할 인재의 양성에는 점점
더 고도의 직업 교육과 전문 교육이 필요하다. 현재 상황에서는
본교에서 대학원으로의 진학률이 낮기 때문에 지금까지의 커리
큘럼을 대폭 재검토하여 3학년부터 고도의 직업 교육을 철저히
지도하는 것이 좋지 않을까. 게다가 3학년 때부터 졸업 연구를
하게 하는 것도 한 가지 대안이다.

다만, 다소 과격한 발언일지 모르나 교육이라는 이름 아래
학생을 잔심부름꾼처럼 취급해 온 교수들의 의식부터 크게 변
혁이 필요하다. 학생의 장래를 생각하고, 또한 자신도 산업계와
긴밀히 연락을 취하도록 항상 신경 쓰면서 기업이 무엇을 원하

는지를 파악하여 신기술을 추구해야 한다. 학생을 모집하는 데만 주력할 것이 아니라 훌륭히 산업계로 내보내는 일에도 힘써야 한다. 지금까지처럼 취업과 창구에만 의존하는 관습에서 벗어나 스스로 영업 담당자가 되고, 스스로 경영자가 되어 대처하지 않으면 상황은 악화될 것이다.

똑같은 위기감이 법과 대학원에도 찾아왔다. 올해 출발한 법과 대학원에도 수험자가 쇄도하여 경쟁률은 다른 대학보다도 10배 이상 높다. 지금까지의 대학 입학 시험에서는 실제 입학할 수험생의 비율을 고려해서 합격자를 발표하고 있기 때문에 실제 경쟁률은 훨씬 낮다. 하지만 이번 법과 대학원의 입시에서는 합격자 발표 후 실제 입학 등록 절차를 받은 학생 비율이 낮아서 정원을 채우지 못했는데도 어느 학과도 추가 합격자를 받지 않은 것 같다. 대학원 합격자는 2년 또는 3년 동안 공부한 후에 사법 시험을 치른다. 그리고 사법 시험 합격률로 대학원의 평가가 결정된다. 각 대학 모두 적자를 각오로 학생을 엄선했기 때문이다.

기술계의 45퍼센트는 의욕 감퇴

기업에서 성과주의 임금제의 도입과 인원 감축이 진행되는 동안, 기술 대국 일본을 지탱하는 기술계 사원의 45퍼센트가 3년 전에 비해 일에 대한 자발성 의욕이 저하되었다고 한다. 이는 작년 12월, 전국의 제조 회사에 근무하는 정규직 엔지니어를

대상으로 실시된 조사로, 일에 대한 의
욕은 '상당히 저하되었다'가 13퍼센트,
'다소 저하되었다'가 32퍼센트를 차지

† bottom up: 의사 결정이나
그 기초 정보의 흐름이
아래로부터 발의 되어 위로
향해 있는 체제.

해 두 항목을 합치면 절반에 가까운 수치로 올랐다. 반면, '상당
히 높아졌다'와 '다소 높아졌다'는 합해서 29퍼센트에 그쳤다
고 한다.

　　의욕 저하는 직장 내 인간 관계의 악화, 사업 전략의 정체
감, 평가와 대우에 대한 불만 등이 주요 원인으로, 기술자의 약
절반이 의욕을 잃고 있다는 사실은 통탄할 일이다. 최근 십수
년 간 대부분의 기업에서는 톱다운(top down) 시스템에서 벗
어나려는 과감한 개혁이 진행되어 왔다. 앞으로는 틀림없이 보
텀업† 시스템으로의 개선을 시작해야 한다. 경영자는 우선적으
로 그러한 환경을 구축해야 한다.

대학을 이끌어 가는 리더에 관해서 생각하다

국공립 대학이 달라진다!

올해 4월부터 국공립 대학이 독립 법인으로서 출발했다. 특히
과학 기술 분야에서는 '기술 입국 일본이 위태롭다!' 하며 세계
에 통용되는 연구 거점으로 각 대학에 COE(연구자를 위한 최

첨단 연구 환경)의 신청을 촉구하고 또한 TLO와 기술 이전 사업, 하이테크 리서치 센터, 학술 프런티어의 태세를 갖추고 있다. 게다가 산학 연계를 바탕으로 하여 신기술, 신산업의 창출이 기대되는 가운데, 대학과 민간의 공동 연구나 대학을 근간으로 한 벤처 기업은 급속히 증가하고 있다. 정부는 대학을 근간으로 한 벤처 기업 1천개 사를 육성하는 방침을 내세우고 있지만 미국에 비하면 숫자상으로나 질적으로나 뒤떨어진다. 지금까지는 여러 가지 시설이나 건물을 필요 이상으로 많이 지어 왔는데, 극단적으로 말하자면 돈을 들여 환경을 정비한 것이다.

앞으로가 진짜 무대다. 지금까지 국공립 대학의 연구 체제는 기초 연구가 중심이었으며, 응용을 포함한 연구는 경시되는 경향이 있었다. 대학의 연구도 앞으로는 연구자 자신이 응용 분야를 항상 고려하여 연구하기를 바란다. 모든 연구가 응용을 의식해야만 한다는 풍조에는 조금 의문이 들기도 하지만, 기초 연구와 응용 연구, 게다가 실용화를 고려하여 전체적으로 균형 있는 연구를 해야 하는 것은 틀림없다. 나는 40대부터 두 개 학회의 임원으로서 활동해 왔는데, 당시 기업 출신인 교수들은 대학에 들어와 상당히 당혹스러웠던 모양이다. 하지만 최근 이들 대부분은 대학의 개혁 속에서 학회 및 산업계와의 연계 활동은 물론, 대학 내에서 핵심 인물이 되어 활약하고 있다.

지금까지 대학교수는 대개 졸업하면서 바로 대학의 연구직으로 취업했기에 산업계에서 일한 경험이 없는 사람이 대부분이었다. 대학 내에서 연구 및 교육의 중심 역할을 담당하는 사람은 주로 50대 교수들이다. 50대는 학원 분쟁 세대라고 일컬어지는데, 그 연배의 교수들은 산학 협동 노선 반대 운동에 동조했는지 하지 않았는지를 차치하더라도, 산학 연계에 거부 반응을 갖고 있는 사람이 많다. 또한 이들은 체제를 통렬히 비판하고 상대의 주장을 들으려고 하지 않으며, 동지 의식은 강한 듯하지만 자신의 생각을 강요한다. 연장자를 존중하기보다 항상 체제를 비판한다. 대학 내에서는 그러한 사고와 분위기가 통용되었다.

따라서 약간 과장이 있을지도 모르지만, 이 연배의 교수들이 주관하는 회의는 차가운 분위기가 감돈다. 분명 그 분위기를 타파할 기업 출신의 교수가 채용되는 환경으로 바뀌어 감으로써 자신만의 연구 틀에 갇혀 있던 교수들의 의식 변혁으로 이어지기를 기대한다. 대학은 산업계의 하청 기관이 아니라는 비판의 소리도 있지만, 산업계와의 연계를 통해 독선적이 되지 않고 기업이 원하는 바를 파악하여 어떻게 독창성 높은 신기술을 창출해 내고 교육과 연구에 활용해 나갈 것인가를 고민하는 노력을 게을리해서는 안 된다.

대학을 근간으로 한 벤처 기업은 성공할까?

일본에서 대학을 근간으로 한 벤처 기업 수는 약 260개 사로,

미국의 10분의 1 정도에 이른다. 일본 경제가 강했던 1970년 대에 경영학 석사(MBA) 과정을 대학에 개설해야 했다든지, MBA 과정이 개설되어 있으면 전 세계 학생이 일본의 대학에 모여 국제화와 함께 대학 간의 경쟁도 진척되었을 거라든지, 또는 대학에 우수한 연구원과 학생을 불러들일 수 있다면 대 학의 수익이 확보되어 벤처 기업의 창출로도 이어질 것이라는 기사가 신문과 잡지에 실렸다. 더구나 미국의 대학에서는 수 입의 50퍼센트를 벤처 투자금으로 운용하고 있으며, 중국에서 도 대학교수가 기업 경영자를 겸임함으로써 연구비를 벌고 있 다. 중국은 일본의 쓰쿠바 과학 도시[†]의 중국판이라고 칭하는 연구 거점을, 베를린에 필적하는 광대한 토지에 계획하고 있 다고 한다.

일본 대학의 수입은 수업료 의존도가 높아, 국공립 대학에 서는 평균 75퍼센트, 사립 대학에서는 90퍼센트를 넘는다. 지 금까지는 수업료 및 국가의 조성금에 의존해 왔기 때문에 대학 은 연구비의 확보라는 의식이 그다지 없었다. 하지만 국가의 심 각한 부채 상황에 따른 조성금의 대폭 삭감, 저출산 고령화에 의한 수업료 수입의 대폭 감소에 이어 게다가 몇 년 뒤에는 몇 십만 명이나 수험생이 줄어들어 대학이 도태되는 시기에 들어 갈 것이라고 한다. 당연히 수업료 수입은 크게 감소될 것이므로 특히 공학 분야의 교수는 지금부터 연구비를 벌어들여야 할 상

공학자의 사고법

황이 되었다.

　대학을 근간으로 한 기술 벤처 기업에 한정된 경우, 정부 목표인 1천개 사 창출의 달성은 쉽지 않을 것이라고 한다. 대학이 근시안적으로 응용 연구만을 한다면 일본은 기술 대국에서 평범한 국가 이하로 추락하고 말 것이다. 대학에서 기초 연구는 절대적으로 필요하지만, 이익에 직접 연결되는 응용이나 상품 개발 연구도 추진할 필요가 있다. 그리고 대학은 영리 활동을 추구하지 않아도 된다는 의식을 바꾸어야 한다. 밖에서 벌어들이는 사람은 벌어서, 기초 연구에 몰두하는 사람에게도 일부 자금을 환원하는 등 협력 체제를 만들어 나갈 필요가 있다. 그런 의미에서 대학 근간의 벤처 기업은 반드시 성공시켜야 한다.

수입원으로서의 장치

수입원으로서 기대되고 있는 TLO는 운영하는 데 많은 비용이 든다. 또한 대학에 귀속되는 특허가 발생하는 환경을 아직 구축하지 못했다. 대학에서의 특허 취득 순위를 어떤 잡지에서 본 적이 있는데, 의외로 신청 건수와 취득 건수가 적다. 이는 특허를 신청하는 일이 대학교수에게 인센티브가 아니었기 때문이다. 사실 TLO라는 기구가 만들어진 후에도 아직 수익 면에서

† 이바라키 현 쓰쿠바 시에 조성된 연구 과학 단지로 많은 국립 연구 기관과 쓰쿠바 대학이 입지하여 고도의 연구 학술 도시를 형성하고 있다.

는 제 기능을 다하지 못하고 있다. 미국에서도 약 250개나 되는 TLO의 절반이 채산성을 맞추지 못하고 있다. 산학 연계의 본격적 추진에는 지역이나 지원 기업과의 공동 작업이 필요하며 TLO가 구축되었다고 해서 이에만 의존해서는 일이 원활히 진행되지 않을 것이다.

표면 공학 연구소의 운영 상황

그렇다면 과연 간토가쿠인 대학은 어떤 상황일까? 본 대학이 일본 내 산학 협동의 근원이며 캠퍼스 내에 목공 공장과 도금 공장을 보유하고 있어 수익의 일부를 대학교에 환원하고 있다는 사실을 알고 있는 사람은 현역 교수 중에서 지금은 나밖에 없다. 따라서 간토카세이의 임원을 겸임하고 있는 우리 연구소 도요다 미노루 부소장과 함께 재작년 7월 하순 표면 공학 연구소가 설립되기까지 대학의 경영진에게 이해를 얻는 데는 상당한 노력이 들었다. 실질적으로는 설립까지 거의 3년이 걸렸다. 지금이라면 아마도 당장에 진행하라는 지시가 떨어졌을 것이다.

당시는 앞으로 저출산으로 인해 대학 경영에 큰 타격을 받을 것이라는 의견이 지배적인 가운데 일부 사립 대학, 특히 공학계 단과 대학에서는 위기감에 사로잡혀 개혁의 기운이 높아지고 있었다. 하지만 당시 우리 대학에서는 아직 위기 의식이 부족하여 연구소를 설립해야 할 당위성을 인정 받기가 무척 힘

공학자의 사고법

들었다. 간토카세이의 부지 내에, 그것도 25년도 더 된 시절인데 내가 박사 논문을 쓰고 있던 중에, 무전해 구리 도금의 물성 개선, 마이크로 컴퓨터에 의한 공정 통제, 전해법에 의한 신규 재활용 기술이 있었다.

이것을 실제 공정으로서 응용한 것이 KAP-8이다. 간토카세이의 동료는 1980년대를 제어하는 KANTOKASEI ADDITIVE PROCESS(간토카세이 첨가제 공정)의 머리글자를 따서 명명했지만, 나는 지금도 K는 간토카세이를 가리키는 것이 아니라 간토가쿠인이라고 동료에게 농담을 하고 있다. 그 기술은 당시 크게 주목 받았으며 미국의 최고 기업 및 이제는 한국 프린트 제조업의 선두 기업에도 사용권을 공여하고 있다. 실은 그 KAP-8의 생산 라인이 있던 공장의 2층 복도에 지금 연구소를 설립했던 것이다. 따라서 내게는 현역 최후의 봉사 활동이라는 의식이 높아 학교 내에서는 동료를 비롯한 경영진에게도 좀처럼 이해를 구하기 힘들었지만, 사명감을 가지고 추진해 왔던 일이다. 간신히 확장 공사도 완료하여 실험실 세 개, 클린 룸 두 개, 기기 분석 실험실 두 개, 직원실, 응접실, 그리고 50명 정도 수용할 수 있는 강의실이 완성되었고 실제로 연구 성과도 향상되었다.

고용 문제

종신 고용 체제의 시대는 종말을 고하다

대기업을 중심으로 한 제조업의 대다수는 생산 거점을 해외로 옮겨 가는 한편 대폭적인 인원 삭감, 신규 채용의 억제, 파견 사원의 채용 등으로 인건비 절감을 도모해 왔다. 그 결과 작년부터 기업 실적에는 밝은 전망이 보여, 올해 1/4분기는 수익이 크게 증가할 것으로 예측된다. 하지만 일자리가 매우 줄어 기업의 고용 문제가 크게 확대되고 있다. 20세기 공업화 사회에서는 대규모 생산 거점을 가지고 많은 노동력을 안정 공급하는 형태로 종신 고용이 정착되어 있었지만 현재는 이 고용 체제가 크게 변화하고 있다. 하지만 종신 고용과 연공서열에 의한 일본식 경영이 1980년대 일본의 약진으로 이어졌다는 사실을 간과해서는 안 된다. 이는 직원들이 회사에 충성심을 가짐으로써 경쟁력을 불러일으킨 결과이기 때문이다. 지금까지는 직원을 평등하게 대우하는 방식이 전제였지만, 회사에 대한 공헌도를 무시하고 무조건 평등하게 대우하는 방식이야말로 지금 시대의 흐름에는 역행하므로 많은 사항들이 재검토되고 있다.

앞으로는 우대의 차별화와 종신 고용에서 장기적 고용으로의 전환이 도모될 것이다. 종신 고용에서 장기적 고용으로 바뀜에 따라 직원들의 회사에 대한 충성심이 희박해질 것이 걱정된

공학자의 사고법

다. 종신 고용은 일본의 독특한 제도다. 직원의 기업에 대한 충성심을 토대로 한 장기에 걸친 관계는 다른 국가와는 상당히 다르다. 또한 종래에는 신규 대학 졸업자를 일괄적으로 채용하는 방식을 취해 왔다. 이것이 현재는 연중 채용, 중도 채용을 실시하는 기업이 늘어나 신규 졸업자의 취업 기회가 크게 줄어들었다. 현재의 상황을 고려할 때, 입사 때부터 장기 고용과 임기제와 같은 단기 고용으로 나누는 기업이 늘어날 것으로 예상되며 결과적으로 종신 고용 형태의 채용은 지금까지와 비교해 감소할 것이다.

고용의 유동화

최근 10년 넘게 미국의 표면 처리 전문 공장을 시찰하지 않고 있지만, 1970년대 후반부터 1980년대 전반까지는 시찰할 때마다 반드시 표면 처리 전문 공장을 몇 군데 방문했다. 당시는 공장 단지를 게이힌(京浜) 섬에 조성하기 전후였기 때문에 미국과 일본의 공해 대책을 비교하여 무엇이든 미국을 모방하던 분위기를 조금이라도 없애고, 우리도 기술적인 대책에 관해 의견을 교환하고자 시찰을 기획하고 있었다. 표면 처리의 영역에서는 세계 최초로 플라스틱 도금의 공업화를 시작했다는 자부심도 있었으므로 적어도 나를 비롯한 일부 참가자는 그러한 생각을 의식하고 있었다. 1970년대 후반에 시찰한 몇 군데 전문 대기업과 화학 물품 공급사에서는 능력이 있어 보이는 기술자가 같은 기업 내에 정착하고 있었다. 또한 이미 단순 작업과 사무의 효율화를 위해 표준화가 진행되고 있었다. 아마도 그 무렵부터 대기업에서는 종신 고용에서 고용의 유동화가 추진되고 있었던 것으로 생각된다.

1980년대에 들어서 일본을 비롯한 동남아시아에서 제조업의 힘이 강해짐에 따라 미국은 경쟁력을 잃었으며, 게다가 인원의 삭감과 생산 규모의 축소를 어쩔 수 없이 단행하게 되었다. 또한 당시부터 지식 노동자의 가치는 높아지고 항상 도전적으로 일에 몰두하던 흐름도 있어, 고용 유동화의 경향은 현재 더욱더 강해지고 있다. 따라서 기술자의 기업에 대한 귀속 의식은 낮아지고 유동성이 높다. 지금까지 20년 이상을 뒤돌아보면 화학 물품 공급사의 기술자 중에서 10퍼센트 정도 되는 인원만이 계속 한 기업에 남아 있다. 일본은 섬나라이며 단일 민족이므로 이렇게 극단적으로는 되지 않겠지만, 지금 틀림없이 일본은 미국과 같은 길을 따라가고 있다. 해외로의 이전, 생산 규모의 축소, 그에 따른 인원 삭감, 그리고 종신 고용의 재검토, 연봉제 도입, 연공서열에서 능력 급여제로의 전환을 비롯하여 차세대를 담당할 학생의 취업에 대한 의식도 대부분 변화하고 있다.

취업에 대한 학생의 의식

경제 사회 구조의 변화에 따라 어쩔 수 없는 일도 많지만, 대졸자의 70퍼센트 정도밖에 제대로 취업하지 못하고 있는 것이 현실이다. 그러므로 취업에 관해 처음부터 희망을 이루지 못해 포기하고 마는 학생이 많다. 10개 사 이상 취업 활동을 해도 모두 불합격하면 그 시점에서 자신이 전공한 분야를 버리고 다른 분야를 찾는다거나, 또는 프리터라는 쉬운 방향으로 도망치지 않을 수 없게 되는 것이다.

어느 대학에서든, 특히 문과계에서는 교수 개인이 취업을 소개하는 데도 한계가 있어 취업과 창구에 맡기게 된다. 각 대학마다 대처 방안에 따라서 다르긴 하지만, 학생이 만족하는 취업처를 찾는 것은 쉬운 일이 아니다. 어느 회사든 좋으니 우선 졸업하기 전까지 취직처를 결정하려는 마음으로 내정 받고서는 실제로 회사에 들어간 후에 실망하는 경우도 많다.

더구나 한 번 전직하면 습관이 되어서 좀처럼 자신에게 맞는 취직처를 찾지 못한다. 게다가 기업 측에서는 생산 작업이나 사무의 효율화를 위해 아웃소싱이나 시간제 사원을 채용하는 방법이 당연시되고 있다.

연봉제가 채택되고 정기 승진이나 연공서열 제도도 크게 바뀌고 있다. 대기업에서는 현재도 한창 채산이 맞지 않는 사업부를 정리하고 인원을 적정 규모로 줄여야 하므로 조기 퇴직제를 도입하고 있으며, 개중에는 급여를 절반으로 줄이는 대신 주 2일 또는 3일만 출근하는 제도를 공표한 기업도 있을 정도여서 기업에 대한 직원들의 충성심은 크게 저하되었다. 학생들도 그러한 부분을 민감하게 감지하기 때문에 장래에 대한 실망감도 크다.

귀속 의식의 결여

이렇듯 일본에서도 1980년대의 미국과 같이 제조업을 중심으로 원가 경쟁력의 저하, 생산 규모의 축소, 인원 삭감, 단순 사무와 단순 작업의 효율화와 매뉴얼화, 고용의 유동화 경향이 현저하게 나타나고 있다. 경제와 사회의 구조가 크게 변화함에 따라 고용의 유동화와 다양화가 진행되어 왔지만, 고용의 유동화와 다양화가 결코 바람직할 리가 없다. 인원 삭감의 부작용은 이미 제조 공장에서는 귀속 의식의 결여, 생산 효율성 저하, 게다가 안전성의 저하로 이어진다. 작년에 일어난 공장의 폭발 사고나 그 밖의 사고 원인을 조사한 바에 의하면, 100건의 사고 중에서 인위적인 실수가 80퍼센트를 넘는다. 올해에 들어와서도 몇 번인가 폭발 사고가 일어났다.

인원 삭감에 따라 안전 관리 체제가 허술해져 하청업자나 아웃소싱 인력이 희생되고 있다. 또한 전근하게 되면 가족과 떨어져 혼자 근무지로 부임하지 않을 수 없다. 생활의 기반인 가족과 떨어져 혼자 살게 되니 일을 마치고 집에 돌아가면 아무도 없다. 식사도 적당히 때우게 되고 편의점 같은 데서 도시락을

공학자의 사고법

사 가든지, 아니면 혼자 간단히 음식을 만들어 먹는 상태는 아무리 생각해도 충실감이 채워진 생활과 거리가 멀다. 그런 사람들이 상사로 일하고, 그 밑에는 의식이 낮은 부하가 있으니 이런 환경에서는 제대로 일이 잘될 리가 없다. 초일류 기술 대국에서 평범한 국가로의 전락과 위기적인 상황이 조금씩 진행되고 있어 당장은 별다른 위기감을 느끼지 못할지 모르지만 점점 쌓이다 보면 어느새 커다란 충격으로 다가올 것이다.

어떤 공장에서는 4~5퍼센트였던 불량률이 최근 약 10퍼센트까지 상승하여 대책을 강구해도 좀처럼 불량률이 낮아지지 않는다고 한다. 조기 퇴직을 비롯한 인원 삭감에 의해 중년층 기술자를 포함한 기술자 수가 심하게 줄어들어 기술 노하우의 전승이 원활히 이루어지지 않는다. 더욱이 담당자의 부담이 커졌으며, 게다가 젊은 사원들의 능력과 책임감이 크게 저하되고, 아웃소싱의 질도 도심부에서는 저하되었다. 취직한 후 2~3일 만에 그만두는 사람도 많다고 한다. 프리터 생활을 5년 이상 하게 되면 전문직으로는 돌아가기 어렵다고들 한다. 그래서는 생산 효율성을 높이기 위해 아무리 노력해도 해결되지 않을 것이다. 개발 업무도 마찬가지다. 이러한 환경에서 좋은 아이디어가 떠오를 수가 없다. 지금 분명히 '기업은 사람에 달려 있다.'는 사실을 재인식해야 할 것이다. (2004년 2월)

지은이
혼마 히데오(本間英夫)

1942년에 도야마 현에서 태어나 1968년에 간토가쿠인 대학 공학
연구과 공업 화학 전공 석사 과정을 수료했다. 이후 조수와 전임
강사를 거쳐 1982년에 오사카 부립 대학에서 공학 박사 학위를
취득한 뒤 간토가쿠인 대학 공학부 교수에 취임했다. 표면 처리 분야,
특히 '도금'을 정력적으로 연구해 플라스틱에 도금하는 방법을 전
세계 최초로 공업화함으로써 전자 공학 실장 기술의 발전에 크게
공헌했다. 또 산학 협동 연구에도 적극적으로 참여했으며, 이를 통해
이룬 업적이 높은 평가를 받아 국내외 주요 관련 학회의 학회상과
논문상을 수상했다. 주요 수상 경력으로는 표면 기술 협회 논문상,
협회상, 전자 공학 실장 학회 특별상, 국제 표면 처리 사이먼 워닉 상,
미국 전기 화학 연구상, 산관학 협력 특별상, 가나가와 현 문화상 등이
있다. 1995년부터 간토가쿠인 대학 공학 연구과 박사 후기 과정 지도
교수로 있으며, 2002년부터는 간토가쿠인 대학 표면 공학 연구소
소장을 겸임하고 있다. 2007년에 간토가쿠인 대학 특약 교수가
되었고, 2010년에는 신설된 재료·표면 공학 연구 센터(2012년
4월부터 연구소로 승격) 소장에 취임했다. 또 주된 사회 활동으로
경제산업성 관할 공해 위원, 서포팅 인더스트리 위원장, 임시 심의
위원, 특허청 고밀도 배선판 조사 위원장, 가나가와 현 기술 고문,
환경 조화형 연구 고문, 기술 심의 위원, 관련 학회의 편집 위원, 서무
이사, 부회장, 회장, 해외 관련 학회 리서치 보드 멤버, 문부과학성과
경제산업성 관할 화학 관련 재단 이사 등을 역임했다.

저서
『젊은 공학도에게 전하는 50가지 이야기(教育研究と産学連携の軌
  跡―次世代に伝えたい50の提言』(관동학원대학 출판회)
『현대 전자 재료(現代電子材料)』(공저, 고단샤 사이언티픽)
『신 도금 기술 입문(入門新めっき技術)』(공저, 공업 조사회)
『신 도금 기술(新めっき技術)』(공저, 간토가쿠인 대학 출판회)

옮긴이
김윤경

한국외국어대학교를 졸업하고 일본계 기업에서 일본어 번역과
수출입 업무를 담당했다. 바른번역 아카데미에서 일본어
번역과정을 수료한 후 현재 일본어 전문번역가로 활동 중이다.
편견 없는 가치관과 폭넓은 지식을 추구하며 오늘도 저자의 글을
통해 세상을 넓혀가고 있다.

옮긴 책
『아무것도 없는 방에 살고 싶다』(샘터사, 2016)
『나는 단순하게 살기로 했다』(비즈니스북스, 2015)
『홀가분한 삶』(심플라이프, 2015)
『왜 나는 사소한 일에 화를 낼까?』(청림출판, 2015)
『끝까지 해내는 힘』(비즈니스북스, 2015)
『이나모리 가즈오, 그가 논어에서 배운 것들』(카시오페아, 2015)
『사장의 도리』(다산북스, 2014)
『괴테가 읽어주는 인생』(흐름출판, 2014)
『용서스위치』(브레인스토어, 2014)
『10년 후 길을 잃지 않기 위한 중년지도』(코리아닷컴, 2014)
『나는 상처를 가진 채 어른이 되었다』(프런티어, 2014) 등 다수

세만공 총서 2
공학자의 사고법

초판 1쇄 발행 2016년 7월 31일
초판 2쇄 발행 2016년 9월 1일

지은이: 혼마 히데오
옮긴이: 김윤경
펴낸이: 장재용

편집: 강혜영
디자인(본문): 빈칸
디자인(표지): 디자인더하기

펴낸곳: (주)오투오 (다산사이언스)
출판등록: 2015년 2월 10일 제2015-000052호
주소: 서울 특별시 마포구 독막로 3길 51, 301
전화: 070-5055-4390
팩스: 070-8299-1212
이메일: book@otospace.co.kr
홈페이지: www.otospace.co.kr

ISBN: 979-11-955002-7-7 (04500)
     979-11-955002-6-0 (세트)

- 세만공(세상을 만드는 공학 이야기) 총서는
  해동과학문화재단의 지원을 받아 NAEK 한국공학한림원과
  다산사이언스에서 발간합니다.
- 책값은 뒤표지에 있습니다.
- 파본은 구입하신 곳에서 교환해드립니다.